초등 수학 한 권으로

서술형

끝

※ 검토해 주신 분들

최현지 선생님 (서울자곡초등학교)
서채은 선생님 (EBS 수학 강사)
이소연 선생님 (L MATH 학원 원장)

한 권으로 초등수학 서술형 끝 **2**

지은이 나소은·넥서스수학교육연구소
펴낸이 임상진
펴낸곳 (주)넥서스

초판 1쇄 인쇄 2020년 3월 25일
초판 1쇄 발행 2020년 4월 02일

출판신고 1992년 4월 3일 제311-2002-2호
10880 경기도 파주시 지목로 5
Tel (02)330-5500 Fax (02)330-5555

ISBN 979-11-6165-871-1 64410
        979-11-6165-869-8 (SET)

www.nexusbook.com
www.nexusEDU.kr/math

생각대로 술술 풀리는

#교과연계 #창의수학 #사고력수학 #스토리텔링

초등수학 한 권으로

서술형

끝

나소은·넥서스수학교육연구소 지음

2

초등수학 1-2 과정

넥서스에듀

〈한 권으로 서술형 끝〉으로
끊임없는 나의 고민도 끝!

문제를 제대로 읽고 답을 했다고 생각했는데, 쓰다 보니 자꾸만 엉뚱한 답을 하게 돼요.

문제에서 어떠한 정보를 주고 있는지, 최종적으로 무엇을 구해야 하는지 정확하게 파악하는 단계별 훈련이 필요해요.

독서량은 많지만 논리 정연하게 답을 정리하기가 힘들어요.

독서를 통해 어휘력과 문장 이해력을 키웠다면, 생각을 직접 글로 써보는 연습을 해야 해요.

서술형 답을 어떤 것부터 써야 할지 모르겠어요.

문제에서 구하라는 것을 찾기 위해 어떤 조건을 이용하면 될지 짝을 지으면서 "A이므로 B임을 알 수 있다."의 서술 방식을 이용하면 답안 작성의 기본을 익힐 수 있어요.

시험에서 부분 점수를 자꾸 깎이는데요, 어떻게 해야 할까요?

직접 쓴 답안에서 어떤 문장을 꼭 써야 할지, 정답지에서 제공하고 있는 '채점 기준표'를 이용해서 꼼꼼하게 만점 맞기 훈련을 할 수 있어요.
만점은 물론, 창의력 + 사고력 향상도 기대하세요!

왜 〈한 권으로 서술형 끝〉으로 공부해야 할까요?

서술형 문제는 종합적인 사고 능력을 키우는 데 큰 역할을 합니다. 또한 배운 내용을 총체적으로 검증할 수 있는 유형으로 논리적 사고, 창의력, 표현력 등을 키울 수 있어 많은 선생님들이 학교 시험에서 다양한 서술형 문제를 통해 아이들을 훈련하고 계십니다. 부모님이나 선생님들을 위한 강의를 하다 보면, 학교에서 제일 어려운 시험이 서술형 평가라고 합니다. 어디서부터 어떻게 가르쳐야 할지, 논리력, 사고력과 연결되는 서술형은 어떤 책으로 시작해야 하는지 추천해 달라고 하십니다.

서술형 문제는 창의력과 사고력을 근간으로 만들어진 문제여서 아이들이 스스로 생각해보고 직접 문제에 대한 답을 찾아나갈 수 있는 과정을 훈련하도록 해야 합니다. 서술형 학습 훈련은 먼저 문제를 잘 읽고, 무엇을 풀이 과정 및 답으로 써야 하는지 이해하는 것이 핵심입니다. 그렇다면, 문제도 읽기 전에 힘들어하는 아이들을 위해, 서술형 문제를 완벽하게 풀 수 있도록 훈련하는 학습 과정에는 어떤 것이 있을까요?

문제에서 주어진 정보를 이해하고 단계별로 문제 풀이 및 답을 찾아가는 과정이 필요합니다.
먼저 주어진 정보를 찾고, 그 정보를 이용하여 수학 규칙이나 연산을 활용하여 답을 구해야 합니다.
서술형은 글로 직접 문제 풀이를 써내려 가면서 수학 개념을 이해하고 있는지 잘 정리하는 것이 핵심이어서 주어진 정보를 제대로 찾아 이해하는 것이 가장 중요합니다.

서술형 문제도 단계별로 훈련할 수 있음을 명심하세요! 이러한 과정을 손쉽게 해결할 수 있도록 교과서 내용을 연계하여 집필하였습니다. 자, 그럼 "한 권으로 서술형 끝" 시리즈를 통해 아이들의 창의력 및 사고력 향상을 위해 시작해 볼까요?

EBS 초등수학 강사 **나소은**

나소은 선생님 소개

- (주)아이눈 에듀 대표
- EBS 초등수학 강사
- 좋은책신사고 쎈닷컴 강사
- 아이스크림 홈런 수학 강사
- 천재교육 밀크티 초등 강사

- 교원, 대교, 푸르넷, 에듀왕 수학 강사
- Qook TV 초등 강사
- 방과후교육연구소 수학과 책임
- 행복한 학교(재) 수학과 책임
- 여성능력개발원 수학지도사 책임 강사

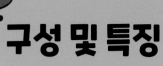

구성 및 특징

초등수학 서술형의 끝을 향해
여행을 떠나 볼까요?

STEP 1 대표 문제 맛보기

핵심유형 1
☆ 몇십(60, 70, 80, 90)

STEP 1 대표 문제 맛보기

대형 마트의 과일 코너에 사과가 한 상자에 10개씩 들어 있습니다. 7상자에 들어 있는 사과는 모두 몇 개인지 풀이 과정을 쓰고, 답을 구하세요.

1단계 알고 있는 것 ... 한 상자에 들어 있는 사과의 수: ☐ 개
사과 상자의 수: ☐ 상자

2단계 구하려는 것 ... ☐ 상자에 들어 있는 사과는 모두 몇 개인지 구하려고 합니다.

3단계 문제 해결 방법 ... 사과 ☐ 상자에 들어 있는 사과의 개수는 ☐ 개씩 묶음의
수가 ☐ 개인 수와 같습니다.

4단계 문제 풀이 과정 ... 10개씩 묶음 ☐ 개는 ☐ 입니다.

5단계 구하려는 답 ... 따라서 사과는 모두 ☐ 개입니다.

12

처음이니까 서술형 답을
어떻게 쓰는지 5단계로
정리해서 알려줄게요!
교과서에 수록된 핵심
유형을 맛볼 수 있어요.

'Step1'과 유사한 문제를
따라 풀어보면서 다시
한 번 익힐 수 있어요!

STEP 2 따라 풀어보기

STEP 2 따라 풀어보기

달걀이 한 상자에 10개씩 있습니다. 8상자에 들어 있는 달걀은 모두 몇 개인지 풀이 과정을 쓰고, 답을 구하세요.

1단계 알고 있는 것 ... 한 상자에 들어 있는 달걀의 수: ☐ 개
달걀이 들어 있는 상자의 수: ☐ 개

2단계 구하려는 것 ... ☐ 상자에 들어 있는 달걀은 모두 몇 개인지 구하려고 합니다.

3단계 문제 해결 방법 ... ☐ 상자에 들어있는 달걀의 개수는 ☐ 개씩 묶은 수가
☐ 개인 수와 같습니다.

4단계 문제 풀이 과정 ... 10개씩 묶음 ☐ 개는 ☐ 입니다.

5단계 구하려는 답 ...

독수 읽기
60은 육십, 예순 ... 10개씩 묶음 ☐ 개를 ☐ 이라고 합니다.

100까지의 수 • 13

STEP 3 스스로 풀어보기

STEP 3 스스로 풀어보기

1. 지윤이와 성훈이는 쿠키를 만들고 있습니다. 지윤이는 쿠키를 10개씩 6상자를 만들고, 성훈이
는 쿠키를 10개씩 2상자를 만들었습니다. 지윤이와 성훈이가 만든 쿠키는 모두 몇 개인지 풀이
과정을 쓰고, 답을 구하세요.

풀이

지윤이가 만든 쿠키는 ☐ 개씩 ☐ 상자이고, 성훈이가 만든 쿠키는 ☐ 개씩
☐ 상자이므로 10개씩 ☐ 상자와 10개씩 ☐ 상자를 더하면 10개씩 ☐ 상자가
됩니다. 10개씩 ☐ 상자는 10개씩 묶음의 수가 ☐ 개로 그 수는 ☐ 입니다.
따라서 지윤이와 성훈이가 만든 쿠키는 모두 ☐ 개입니다.

답

2. 색종이가 10장씩 5묶음이 있습니다. 꽃을 접기 위해 그중에서 10장씩 2묶음을 사용했습니다.
남은 색종이는 몇 장인지 풀이 과정을 쓰고 답을 구하세요.

풀이

답

14

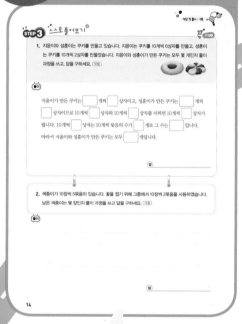

앞에서 학습한 핵심 유형을
생각하며 다시 연습해보고,
쌍둥이 문제로 따라 풀어보
세요! 서술형 문제를 술술
생각대로 풀 수 있답니다.

창의 융합, 생활 수학, 스토리텔링, 유형 복합 문제 수록!

실력 다지기

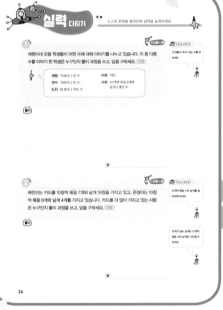

이제 실전이에요. 새 교육과정의 핵심인 '융합 인재 교육'에 알맞게 창의력, 사고력 문제들을 풀며 실력을 탄탄하게 다져보세요!

+ 추가 콘텐츠

www.nexusEDU.kr/math

동영상 강의
추가 문제

단원을 마무리하기 전에 넥서스에듀 홈페이지 및 QR코드를 통해 제공하는 '스페셜 유형'과 다양한 '추가 문제'로 부족한 부분을 보충하고 배운 것을 추가적으로 복습할 수 있어요.
또한, '무료 동영상 강의'를 통해 교과와 연계된 개념 정리와 해설 강의를 들을 수 있어요.

QR코드를 찍으면 동영상 강의를 들을 수 있어요.

나만의 문제 만들기

서술형 문제를 거꾸로 풀어 보면 개념을 잘 이해했는지 확인할 수 있어요! '나만의 문제 만들기'를 풀면서 최종 실력을 체크하는 시간을 가져보세요!

정답 및 해설

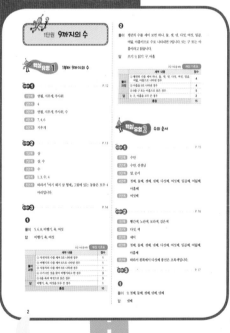

자세한 답안과 단계별 부분 점수를 보고 채점해보세요! 어떤 부분이 부족한지 정확하게 파악하여 사고력, 논리력을 키울 수 있어요!

차례

5

시계 보기와 규칙 찾기

6

덧셈과 뺄셈(3)

채점 기준표가 들어있어요!

1. 100까지의 수

STEP 1 대표 문제 맛보기

대형 마트의 과일 코너에 사과가 한 상자에 10개씩 들어 있습니다. 7상자에 들어 있는 사과는 모두 몇 개인지 풀이 과정을 쓰고, 답을 구하세요. (8점)

1단계 알고 있는 것 (1점)

한 상자에 들어 있는 사과의 수 : ☐ 개

사과 상자의 수 : ☐ 상자

2단계 구하려는 것 (1점)

☐ 상자에 들어 있는 사과는 모두 몇 개인지 구하려고 합니다.

3단계 문제 해결 방법 (2점)

사과 ☐ 상자에 들어 있는 사과의 개수는 ☐ 개씩 묶음의

수가 ☐ 개인 수와 같습니다.

4단계 문제 풀이 과정 (3점)

10개씩 묶음 ☐ 개는 ☐ 입니다.

5단계 구하려는 답 (1점)

따라서 사과는 모두 ☐ 개입니다.

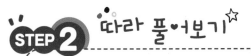

STEP 2 **따라 풀어보기**

달걀이 한 상자에 10개씩 들어 있습니다. 8상자에 들어 있는 달걀은 모두 몇 개인지 풀이 과정을 쓰고, 답을 구하세요. (9점)

1단계 알고 있는 것 (1점)

한 상자에 들어 있는 달걀의 수 : ☐ 개

달걀이 들어 있는 상자의 수 : ☐ 개

2단계 구하려는 것 (1점)

☐ 상자에 들어 있는 달걀은 모두 몇 개인지 구하려고 합니다.

3단계 문제 해결 방법 (2점)

☐ 상자에 들어있는 달걀의 개수는 ☐ 개씩 묶은 수가

☐ 개인 수와 같습니다.

4단계 문제 풀이 과정 (3점)

10개씩 묶음 ☐ 개는 ☐ 입니다.

5단계 구하려는 답 (2점) _____

📌 **수 읽기**

60 육십, 예순

 10개씩 묶음 6개를 60이라고 합니다.

STEP 3 스스로풀어보기 ☆

1. 지윤이와 성훈이는 쿠키를 만들고 있습니다. 지윤이는 쿠키를 10개씩 6상자를 만들고, 성훈이는 쿠키를 10개씩 2상자를 만들었습니다. 지윤이와 성훈이가 만든 쿠키는 모두 몇 개인지 풀이 과정을 쓰고, 답을 구하세요. (10점)

풀이

지윤이가 만든 쿠키는 ☐개씩 ☐상자이고, 성훈이가 만든 쿠키는 ☐개씩

☐상자이므로 10개씩 ☐상자와 10개씩 ☐상자를 더하면 10개씩 ☐상자가

됩니다. 10개씩 ☐상자는 10개씩 묶음의 수가 ☐개로, 그 수는 ☐입니다.

따라서 지윤이와 성훈이가 만든 쿠키는 모두 ☐개입니다.

답 _____

2. 색종이가 10장씩 5묶음이 있습니다. 꽃을 접기 위해 그중에서 10장씩 2묶음을 사용하였습니다. 남은 색종이는 몇 장인지 풀이 과정을 쓰고, 답을 구하세요. (15점)

풀이

답 _____

STEP 1 대표 문제 맛보기

지연이의 사물함 번호는 11보다 1만큼 큰 수이고, 정민이의 사물함 번호는 19보다 1만큼 작은 수입니다. 지연이와 정민이의 사물함 번호 사이의 수는 모두 몇 개인지 구하려고 합니다. 풀이 과정을 쓰고, 답을 구하세요. (8점)

1단계 알고 있는 것 (1점)

지연이의 사물함 번호 : ☐보다 1만큼 큰 수

정민이의 사물함 번호 : 19보다 ☐만큼 작은 수

2단계 구하려는 것 (1점)

지연이와 정민이의 사물함 번호 ☐의 ☐가 모두 몇 개인지 구하려고 합니다.

3단계 문제 해결 방법 (2점)

수를 순서대로 쓸 때, 1만큼 (작은 , 큰) 수는 바로 뒤의 수이고,

1만큼 (작은 , 큰) 수는 바로 앞의 수임을 이용하여 해결합니다.

4단계 문제 풀이 과정 (3점)

수를 순서대로 쓸 때, 11보다 1만큼 (작은 , 큰) 수는 바로 뒤의

수인 ☐이고, 19보다 1만큼 (작은 , 큰) 수는 바로 앞의 수

인 ☐입니다. 12와 18 사이에는 ☐, 14, 15, ☐,

☐이 있습니다.

5단계 구하려는 답 (1점)

따라서 지연이와 정민이의 사물함 번호 사이의 수는 ☐개입니다.

□ 안에 알맞은 수를 구하려고 합니다. 풀이 과정을 쓰고, 답을 구하세요. (9점)

□보다 1만큼 작은 수는 89입니다.

1단계 알고 있는 것 (1점) □보다 1만큼 작은 수 : ☐

2단계 구하려는 것 (1점) □안에 알맞은 ☐를 구하려고 합니다.

3단계 문제 해결 방법 (2점) 수를 순서대로 쓸 때, 1만큼 (작은 , 큰) 수는 바로 뒤의 수이고,

1만큼 (작은 , 큰) 수는 바로 앞의 수임을 이용하여 해결합니다.

4단계 문제 풀이 과정 (3점) □보다 1만큼 (작은 , 큰) 수가 89이므로, □는 89보다 1만큼

(작은 , 큰) 수입니다. 89보다 1만큼 (작은 , 큰) 수는 수를 순서대로

쓸 때 바로 뒤의 수이므로 ☐ 입니다.

5단계 구하려는 답 (2점) _____

123
이것만 알면
문제 해결 OK!

🐝 수의 순서

| 59 | 60 | 61 |
1만큼 작은 수   1만큼 큰 수
☆ 59와 61 사이의 수 : 60

16

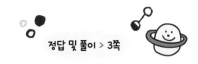

STEP 3 스스로 풀어보기 ☆

유형❷

1. 준섭이가 은행에 갔습니다. 은행에서 번호표를 뽑았는데 36번이
었습니다. 준섭이 다음으로 온 사람이 뽑은 번호표는 몇 번인지
풀이 과정을 쓰고, 답을 구하세요. (10점)

서술형 뱅크
대기 번호
36

풀이

수를 순서대로 쓰면 1씩 커집니다. 이것을 이용하면, 36 바로 (앞 , 뒤)의 수는 ☐ 입니다.

따라서 준섭이 다음으로 온 사람의 번호표는 ☐ 번입니다.

답 _____

2. 1부터 100까지의 수가 순서대로 쓰여 있는 게임판이 있습니다. 윤기는 94에 바둑돌을 올려놓았고,
태형이는 윤기 바로 앞에 바둑돌을 올려놓으려고 합니다. 태형이가 바둑돌을 올려놓아야 하는 자리
에 쓰여 있는 수는 무엇인지 풀이 과정을 쓰고, 답을 구하세요. (15점)

풀이

답 _____

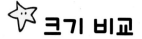

STEP 1 대표 문제 맛보기

종원이네 가족은 조개 캐기 체험에 갔습니다. 아버지는 71개, 종원이는 67개의 조개를 캤습니다. 조개를 더 많이 캔 사람은 누구인지 풀이 과정을 쓰고, 답을 구하세요. (8점)

1단계 알고 있는 것 (1점)

아버지가 캔 조개의 수 : ☐ 개

종원이가 캔 조개의 수 : ☐ 개

2단계 구하려는 것 (1점)

☐ 와 종원이 중 조개를 더 (많이 , 적게) 캔 사람이 누구인지 구하려고 합니다.

3단계 문제 해결 방법 (2점)

10개씩 묶음의 수와 낱개의 수를 차례로 비교하여 수가 (클수록 , 작을수록) 큰 수임을 이용하여 해결합니다.

4단계 문제 풀이 과정 (3점)

71은 10개씩 묶음 ☐ 개와 낱개 ☐ 개인 수이고, 67은 10개씩 묶음 ☐ 개와 낱개 ☐ 개인 수입니다. 71과 67의 10개씩 묶음 수를 비교하면 7 > ☐ 이므로 71 (> , = , <) 67입니다.

5단계 구하려는 답 (1점)

따라서 조개를 더 많이 캔 사람은 (아버지 , 종원)입니다.

STEP 2 따라 풀어보기

윤서와 민준이가 수 카드를 들고 있습니다. 윤서와 민준이 중에서 더 작은 수를 들고 있는 사람은 누구인지 풀이 과정을 쓰고, 답을 구하세요. [9점]

87	83
윤서	민준

1단계 알고 있는 것 [1점]

윤서의 카드의 수 : ☐

민준의 카드의 수 : ☐

2단계 구하려는 것 [1점]

윤서와 민준이 중에서 더 (큰 , 작은) 수를 들고 있는 사람이 누구인지 구하려고 합니다.

3단계 문제 해결 방법 [2점]

10개씩 묶음의 수와 낱개의 수를 차례로 비교하여 수가 (클수록 , 작을수록) 작은 수임을 이용하여 해결합니다.

4단계 문제 풀이 과정 [3점]

87은 10개씩 묶음 ☐개와 낱개 ☐개인 수이고, 83은 10개씩 묶음 ☐개와 낱개 ☐개인 수입니다. 10개씩 묶음 수는 같으므로 낱개의 수를 비교하면 7 > ☐이므로 87 (> , = , <) 83입니다.

5단계 구하려는 답 [2점]

_____

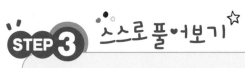

STEP 3 스스로 풀어보기

유형❸

1. 0부터 9까지의 수 중에서 □ 안에 들어갈 수 있는 수는 무엇인지 구하려고 합니다. 작은 수부터

차례대로 풀이 과정을 쓰고, 답을 구하세요. (10점)

$$8\square < 87$$

풀이

10개씩 묶음의 수가 ☐ 로 같으므로 낱개의 수를 비교하여 구합니다.

낱개의 수를 비교하면 □<7입니다. 따라서 □ 안에 들어갈 수 있는 수를 작은 수부터

차례대로 쓰면 ☐ , ☐ , ☐ , ☐ , ☐ , ☐ , ☐ 입니다.

답 _____

2. 0부터 9까지의 수 중에서 □ 안에 들어갈 수 있는 수는 모두 몇 개인지 구하려고 합니다.

풀이 과정을 쓰고, 답을 구하세요. (15점)

$$\square3 > 56$$

풀이

답 _____

☆ **짝수와 홀수**

정답 및 풀이 > 4쪽

STEP 1 대표 문제 맛보기

현아네 반 모둠 책상에 놓여있는 색종이입니다. 색종이의 수가 짝수인지 홀수인지 풀이 과정을 쓰고, 답을 구하세요. (8점)

1단계 **알고 있는 것** (1점)

색종이의 수 : ☐ 장

2단계 **구하려는 것** (1점)

색종이의 수가 ☐ 인지 ☐ 인지를 구하려고 합니다.

3단계 **문제 해결 방법** (2점)

둘씩 짝을 지을 수 있는 수를 ☐ , 둘씩 짝을 지을 수 없는 수를

☐ 임을 이용하여 구하려고 합니다.

4단계 **문제 풀이 과정** (3점)

책상 위의 색종이를 세어보면 ☐ 장입니다.

색종이를 2장씩 묶어 짝을 지어주면 ☐ 묶음이 되고 ☐ 장은

짝을 지을 수 없습니다.

5단계 **구하려는 답** (1점)

따라서 책상 위의 색종이의 수는 ☐ 입니다.

STEP 2 따라 풀어보기

야구공 3개와 축구공 5개가 있습니다. 다음 중 바르게 말한 사람은 누구인지 풀이 과정을 쓰고, 답을 구하세요. (9점)

> **영현** 야구공의 수와 축구공의 수를 더한 수는 짝수야.
>
> **병준** 아니야. 3이랑 5는 홀수니까 야구공의 수와 축구공의 수를 더한 수도 홀수지!

1단계 알고 있는 것 (1점)

야구공의 수 : ☐ 개

축구공의 수 : ☐ 개

2단계 구하려는 것 (1점)

(바르게 , 잘못) 말한 사람을 구하려고 합니다.

3단계 문제 해결 방법 (2점)

둘씩 짝을 지을 수 있는 수를 ☐, 둘씩 짝을 지을 수 없는 수를 ☐ 임을 이용하여 해결합니다.

4단계 문제 풀이 과정 (3점)

야구공의 수와 축구공의 수를 더하면, (야구공과 축구공 수의 합) = 3 + 5 = ☐ (개)입니다. 공을 2개씩 짝을 지어주면 ☐ 묶음 이 되고, 남는 것이 없으므로 8은 ☐ 입니다.

5단계 구하려는 답 (2점)

📌 **짝수와 홀수**

☆ 짝수: 2, 4, 6, 8, 10과 같이 둘씩 짝을 지을 수 있는 수

☆ 홀수: 1, 3, 5, 7, 9와 같이 둘씩 짝을 지을 수 없는 수

STEP 3 스스로 풀어보기

 유형4

1. 어느 음식점에 있는 식탁과 의자를 나타낸 것입니다. 식탁의 수와 의자의 수는 각각 짝수인지 홀수인지 풀이 과정을 쓰고, 답을 구하세요. (▬ : 식탁 ● : 의자) 10점

풀이

짝수인지 홀수인지 알아보기 위해서 둘씩 짝을 지어 봅니다. 식탁의 수는 ☐ 이므로 둘씩 짝을 지을 수 없는 수로 ☐ 입니다. 의자의 수는 ☐ 로, 둘씩 짝을 지을 수 있는 수 이므로 ☐ 입니다. 따라서 식탁의 수는 ☐ 이고, 의자의 수는 ☐ 입니다.

답 식탁의 수 :   의자의 수 :

2. 연준이네 가족이 KTX열차를 타고 여행을 가려고 합니다. 다음은 열차의 좌석 번호입니다. 자리 번호가 홀수인 사람은 누구인지 풀이 과정을 쓰고, 답을 구하세요. 15점

연준	아버지	어머니	동생
21	22	23	24

풀이

답

 1 유형**1**+**2**

채원이네 모둠 학생들이 어떤 수에 대해 이야기를 나누고 있습니다. 이 중 다른 수를 이야기 한 학생은 누구인지 풀이 과정을 쓰고, 답을 구하세요. 20점

채원 79보다 1 큰 수	**지희** 여든
연수 78보다 2 큰 수	**서희** 10개씩 묶음 8개와 낱개 1개인 수
도진 81보다 1 작은 수	

풀이

답

 2 유형**1**+**4**

혜진이는 카드를 10장씩 묶음 7개와 낱개 18장을 가지고 있고, 은정이는 10장씩 묶음 8개와 낱개 4개를 가지고 있습니다. 카드를 더 많이 가지고 있는 사람은 누구인지 풀이 과정을 쓰고, 답을 구하세요. 20점

풀이

답

3

리원이는 수 카드 4, 7, 9 를 한 번씩만 사용하여 몇십몇을 만들어 보았습니다. 리원이가 만든 수 중에서 55보다 큰 수는 모두 몇 개인지 풀이 과정을 쓰고, 답을 구하세요. (20점)

 풀이

답 _____

4

고대 메소포타미아에서는 지금 현재 우리가 사용하는 아라비아 수와 다른 방법으로 수를 나타냈습니다. 이 수들은 보통 쐐기 문자 또는 바빌로니아 수라고 합니다.

보기

아래 표를 보고, [보기]의 바빌로니아 수를 아라비아 수로 어떻게 나타내는지 풀이 과정을 쓰고, 답을 구하세요. (20점)

아라비아 수	1	2	3	4	5	6	7	8	9	10	20
바빌로니아 수	▼	▼▼	▼▼▼	▼	▼	▼▼	▼▼	▼▼	▼▼▼	◁	◁◁

 풀이

답 _____

**나만의 문제 만들기**

거꾸로 풀며 나만의 문제를 완성해 보세요.

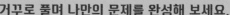

모를 때 찍어봐!

정답 및 풀이 > 5쪽

다음은 주어진 수와 낱말, 조건을 활용해서 만든 문제를 보고 풀이 과정과 답을 구한 것입니다.
어떤 문제였을까요? 거꾸로 문제 만들기, 도전해 볼까요? 20점

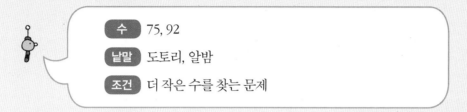

수 75, 92

낱말 도토리, 알밤

조건 더 작은 수를 찾는 문제

★ 힌트 ★
75와 92 중 더 작은 수는 75에요.
도토리 수가 더 적어요!

문제

풀이

도토리의 수 75는 10개씩 묶음 7개와 낱개 5개인 수이고,

알밤의 수 92는 10개씩 묶음 9개와 낱개 2개인 수입니다.

10개씩 묶음의 수를 비교하면 7<9이므로 75<92입니다.

따라서 도토리를 알밤보다 더 적게 모았습니다.

답 _____도토리_____

2. 덧셈과 뺄셈(1)

 ☆ 받아올림이 없는 (두 자리 수) + (한 자리 수)

STEP 1 대표 문제 맛보기

버스에 21명이 타고 있었고, 다음 정류장에서 6명이 더 탔습니다. 지금 버스 안에는 몇 명이 타고 있는지 풀이 과정을 쓰고, 답을 구하세요. (8점)

1단계 알고 있는 것 (1점)

버스에 타고 있던 사람의 수 : ☐ 명

다음 정류장에서 탄 사람의 수 : ☐ 명

2단계 구하려는 것 (1점)

지금 ☐ 안에는 몇 명이 타고 있는지를 구하려고 합니다.

3단계 문제 해결 방법 (2점)

버스에 타고 있던 사람의 수와 다음 정류장에서 더 탄 사람의 수를

(더해서 , 빼서) 구하려고 합니다.

4단계 문제 풀이 과정 (3점)

(지금 버스에 타고 있는 사람의 수)

= (처음 버스에 타고 있던 사람의 수) + (다음 정류장에서 탄 사람의 수)

= ☐ + ☐ = ☐ (명)

5단계 구하려는 답 (1점)

따라서 지금 버스 안에는 ☐ 명이 타고 있습니다.

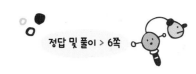

STEP 2 따라 풀어보기☆

진영이는 동화책 42권과 위인전 4권을 가지고 있습니다. 진영이가 가지고 있는 책은 모두 몇 권인지 풀이 과정을 쓰고, 답을 구하세요. (9점)

1단계 알고 있는 것 (1점)

진영이가 가지고 있는 동화책 : [ ] 권

진영이가 가지고 있는 위인전 : [ ] 권

2단계 구하려는 것 (1점)

진영이가 가지고 있는 [ ]은 모두 몇 권인지 구하려고 합니다.

3단계 문제 해결 방법 (2점)

동화책의 수와 위인전의 수를 (더해서 , 빼서) 구하려고 합니다.

4단계 문제 풀이 과정 (3점)

(책의 수) = (동화책의 수) + (위인전의 수)

= [ ] + [ ] = [ ] (권)

5단계 구하려는 답 (2점) _____

📌 받아올림이 없는 (두 자리 수)+(한 자리 수)

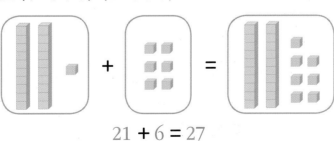

21 + 6 = 27

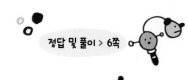

STEP 3 스스로 풀어보기

1. 주훈이의 일기를 읽고, 태권도 시범 대회에 나간 사람은 모두 몇 명인지 풀이 과정을 쓰고, 답을 구하세요. (10점)

> 오늘은 태권도 시범 대회가 있는 날이었다. 남학생 13명과 여학생 6명이 대회에 나갔다. 시범 대회에 처음 가서 많이 떨렸지만 열심히 하고 왔다.

 풀이

태권도 시범 대회에 나간 사람의 수는 남학생 수와 여학생 수를 (더해서 , 빼서) 구합니다.

따라서 (태권도 시범 대회에 나간 사람의 수)

= (남학생 수) + (여학생 수) = ☐ + ☐ = ☐ (명)입니다.

답 _____

2. 효정이는 동화책을 어제까지 52쪽 읽었고, 오늘 7쪽을 더 읽었습니다. 효정이가 읽은 동화책은 모두 몇 쪽인지 풀이 과정을 쓰고, 답을 구하세요. (10점)

 풀이

답 _____

핵심유형 2

☆ 받아올림이 없는 (두 자리 수) + (두 자리 수)

정답 및 풀이 > 6쪽

STEP 1 대표 문제 맛보기

연수는 파란색 구슬 23개와 빨간색 구슬 35개를 가지고 있습니다.
연수가 가지고 있는 구슬은 모두 몇 개인지 풀이 과정을 쓰고, 답을 구하세요. (8점)

1단계 알고 있는 것 (1점)

파란색 구슬의 수 : ☐ 개

빨간색 구슬의 수 : ☐ 개

2단계 구하려는 것 (1점)

연수가 가지고 있는 ☐ 색 구슬과 빨간색 구슬은 ☐
몇 개인지 구하려고 합니다.

3단계 문제 해결 방법 (2점)

연수가 가지고 있는 파란색 구슬의 수와 ☐ 색 구슬의 수를
(더합니다 , 뺍니다).

4단계 문제 풀이 과정 (3점)

(연수가 가지고 있는 구슬의 수)

= (파란색 구슬의 수) + (빨간색 구슬의 수)

= ☐ + ☐ = ☐ (개)

5단계 구하려는 답 (1점)

따라서 연수가 가지고 있는 구슬은 모두 ☐ 개입니다.

지연이네 가족은 놀이공원에 놀러갔습니다. 간식을 먹으러 매점에 들렀더니 샌드위치 43개와 핫도그 23개가 있었습니다. 매점에 있는 샌드위치와 핫도그는 모두 몇 개인지 구하려고 합니다. 풀이 과정을 쓰고, 답을 구하세요. (9점)

1단계 알고 있는 것 (1점)

샌드위치의 수 : ☐ 개

핫도그의 수 : ☐ 개

2단계 구하려는 것 (1점)

샌드위치와 ☐ 의 수가 모두 몇 개인지 구하려고 합니다.

3단계 문제 해결 방법 (2점)

샌드위치의 수와 핫도그의 수를 (더합니다 , 뺍니다).

4단계 문제 풀이 과정 (3점)

(샌드위치와 핫도그의 수)

= (샌드위치의 수) + (핫도그의 수)

= ☐ + ☐ = ☐ (개)

5단계 구하려는 답 (2점)

_____

📌 받아올림이 없는 (두 자리 수) + (두 자리 수)

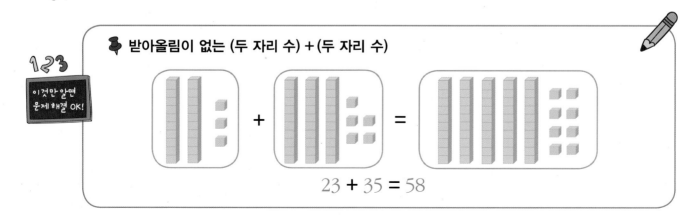

23 + 35 = 58

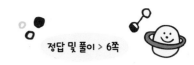

STEP 3 스스로 풀어보기

1. 다음에 주어진 수 중에서 가장 큰 수와 가장 작은 수의 합을 구하는 풀이 과정을 쓰고, 답을 구하세요. (10점)

35   71   26

풀이

주어진 수의 크기를 비교하면 ☐ < 35 < ☐ 이므로 가장 큰 수는 ☐ 이고,

가장 작은 수는 ☐ 입니다.

따라서 가장 큰 수와 가장 작은 수의 합은 ☐ + ☐ = ☐ 입니다.

답 _____

2. 다음에 주어진 수 중에서 가장 큰 수와 가장 작은 수의 합을 구하는 풀이 과정을 쓰고, 답을 구하세요. (15점)

61   45   25   74

풀이

답 _____

 대표 문제 맛보기

지희는 색연필 27자루를 가지고 있습니다. 그중에서 4자루를 친구에게 빌려주었습니다. 남아 있는 색연필은 모두 몇 자루인지 풀이 과정을 쓰고, 답을 구하세요. (8점)

1단계 알고 있는 것 (1점) 지희가 가지고 있는 색연필의 수 : [   ] 자루

친구에게 빌려준 색연필의 수 : [   ] 자루

2단계 구하려는 것 (1점) 친구에게 빌려주고 남은 [   ] 은 모두 몇 자루인지 구하려고 합니다.

3단계 문제 해결 방법 (2점) 처음 가지고 있던 색연필의 수에서 빌려준 색연필의 수를 (더합니다 , 뺍니다).

4단계 문제 풀이 과정 (3점) (남아 있는 색연필의 수)

= (처음에 가지고 있던 색연필의 수) − (빌려준 색연필의 수)

= [   ] − [   ] = [   ] (자루)

5단계 구하려는 답 (1점) 따라서 남아 있는 색연필의 수는 [   ] 자루입니다.

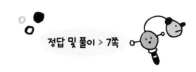

STEP 2 따라 풀어보기 ☆

진구는 색종이를 58장 가지고 있습니다. 그중에서 6장을 미술 시간에 사용했습니다. 사용하고 남은 색종이는 모두 몇 장인지 풀이 과정을 쓰고, 답을 구하세요. (9점)

1단계 알고 있는 것 (1점)

진구가 가지고 있는 색종이 수 : ☐ 장

미술 시간에 사용한 색종이 수 : ☐ 장

2단계 구하려는 것 (1점)

미술 시간에 사용하고 남은 ☐ 는 모두 몇 장인지 구하려고 합니다.

3단계 문제 해결 방법 (2점)

처음 가지고 있던 색종이의 수에서 사용한 색종이의 수를 (더합니다 , 뺍니다).

4단계 문제 풀이 과정 (3점)

(남은 색종이의 수)

= (가지고 있는 색종이의 수) − (미술 시간에 사용한 색종이의 수)

= ☐ − ☐ = ☐ (장)

5단계 구하려는 답 (2점) _____

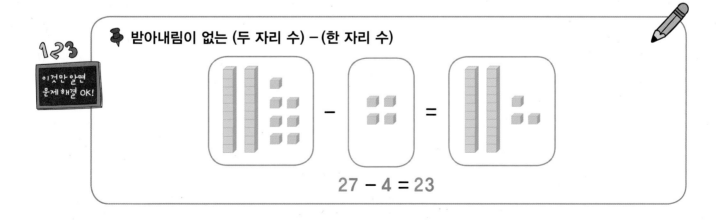

123 이것만 알면 문제 해결 OK!

📌 받아내림이 없는 (두 자리 수) − (한 자리 수)

27 − 4 = 23

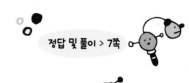

STEP 3 스스로 풀어보기

유형❸

1. 하준이는 젤리를 28개 가지고 있고, 다은이는 하준이보다 7개 더 적게 가지고 있습니다.

다은이가 가지고 있는 젤리는 모두 몇 개인지 풀이 과정을 쓰고, 답을 구하세요. (10점)

풀이

다은이는 하준이보다 ☐ 개 더 적게 가지고 있으므로, 하준이가 가지고 있는 젤리 수에서

☐ 을 빼서 구합니다.

따라서 (다은이의 젤리 수) = (하준이의 젤리 수) − 7

= ☐ − ☐

= ☐ (개)입니다.

답 _____

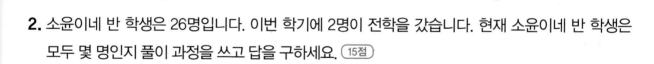

2. 소윤이네 반 학생은 26명입니다. 이번 학기에 2명이 전학을 갔습니다. 현재 소윤이네 반 학생은

모두 몇 명인지 풀이 과정을 쓰고 답을 구하세요. (15점)

풀이

답 _____

핵심유형 4 ☆ 받아내림이 없는 (두 자리 수) − (두 자리 수)

정답 및 풀이 > 7쪽

STEP 1 대표 문제 맛보기

체육관에 야구공이 56개, 축구공이 24개 있습니다. 야구공은 축구공보다 몇 개 더 많은 지 풀이 과정을 쓰고, 답을 구하세요. (8점)

1단계 알고 있는 것 (1점)

야구공의 수 : ☐ 개

축구공의 수 : ☐ 개

2단계 구하려는 것 (1점)

☐ 은 ☐ 보다 몇 개가 더 많은지 구하려고 합니다.

3단계 문제 해결 방법 (2점)

야구공의 수에서 축구공의 수를 (더합니다 , 뺍니다).

4단계 문제 풀이 과정 (3점)

야구공의 수에서 축구공의 수를 빼면

(야구공의 수) − (축구공의 수)

= ☐ − ☐

= ☐ (개)

5단계 구하려는 답 (1점)

따라서 야구공은 축구공보다 ☐ 개 더 많습니다.

지혜네 가족은 주말 농장에서 딸기를 땄습니다. 지혜는 딸기를 87개 땄고, 동생은 지혜보다 25개 더 적게 땄습니다. 동생이 딴 딸기는 몇 개인지 풀이 과정을 쓰고, 답을 구하세요. 9점

1단계 알고 있는 것 1점

지혜가 딴 딸기의 수 : ☐ 개

동생이 딴 딸기의 수 : 지혜보다 ☐ 개 더 적은 수

2단계 구하려는 것 1점

동생이 딴 ☐ 의 수를 구하려고 합니다.

3단계 문제 해결 방법 2점

지혜가 딴 딸기의 수에서 ☐ 를 (더합니다 , 뺍니다).

4단계 문제 풀이 과정 3점

지혜가 딴 딸기의 수에서 ☐ 를 빼면

= (지혜가 딴 딸기의 수) − 25

= ☐ − ☐

= ☐ (개)

5단계 구하려는 답 1점 _____

📌 받아내림이 없는 (두 자리 수) − (두 자리 수)

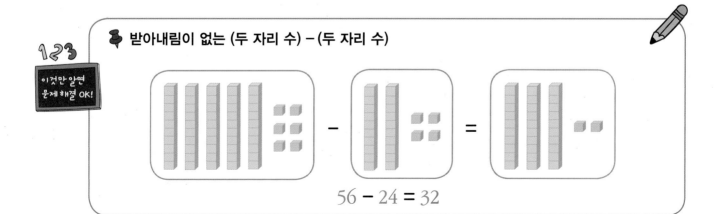

$$56 - 24 = 32$$

STEP 3 스스로 풀어보기

1. 「아기 돼지 삼형제」 이야기에서 셋째 돼지가 지은 벽돌집은 빨간 벽돌 89개와 흰색 벽돌 76개를 사용하였습니다. 빨간색 벽돌을 흰색 벽돌보다 몇 개 더 많이 사용했는지 풀이 과정을 쓰고, 답을 구하세요. (10점)

풀이

빨간색 벽돌의 수에서 흰색 벽돌의 수를 (더합니다 , 뺍니다). 빨간색 벽돌은 ☐ 개,

흰색 벽돌은 ☐ 개이므로, 셋째 돼지는 빨간색 벽돌을 흰색 벽돌보다

☐ – ☐ = ☐ (개) 더 많이 사용했습니다.

답 _____

2. 연우네 학교의 1학년 학생은 모두 97명입니다. 이 중에서 독창 준비를 하는 학생들은 16명이고, 나머지는 합창을 하는 학생들입니다. 1학년 학생 중 합창을 하는 학생은 몇 명인지 풀이 과정을 쓰고, 답을 구하세요. (15점)

풀이

답 _____

스스로 문제를 풀어보며 실력을 높여보세요.

1

 힌트로 해결 끝!

시현이가 맞힌 수를 알고 있으니 진우가 맞힌 문제의 수를 먼저 구해야겠지요?

 O, X 퀴즈 맞히기를 하고 있습니다. 유찬이는 진우보다 6개 더 많이 맞혔고, 진우는 시현이보다 5개 더 적게 맞혔습니다. 시현이가 47개 맞혔을 때, 진우와 유찬이는 각각 몇 개를 맞혔는지 쓰려고 합니다. 풀이 과정을 쓰고, 답을 구하세요. (20점)

풀이

진우가 맞힌 문제의 수를 이용해 유찬이가 맞힌 문제의 수를 구해 보세요.

답   진우 :   유찬 :

2

힌트로 해결 끝!

해정이와 명지네 반 전체 학생 수를 각각 구해보세요.

해정이네 반과 명지네 반 학생 수를 나타낸 표입니다. 두 반의 전체 학생 수의 차는 몇 명인지 풀이 과정을 쓰고, 답을 구하세요. (20점)

해정이네 반		명지네 반	
남학생 수	여학생 수	남학생 수	여학생 수
17	21	23	16

 풀이

두 반의 전체 학생 수의 차를 구하면 되겠죠?

답

3

다음을 읽고 ♣에 알맞은 수를 모두 구하려고 합니다. 풀이 과정을 쓰고, 답을 구하세요. (20점)

> ♣는 43+24보다 큽니다.
>
> ♣는 50+23보다 작습니다.
>
> ♣는 60과 70 사이의 수입니다.

힌트로 해결 끝!

계산 결과를 먼저 구해요.

풀이

답 _____

4

주아와 은찬이는 열대어를 사기 위해 마트에 갔습니다. 열대어 코너에는 많은 종류의 열대어들이 있었습니다. 구피는 25마리가 있었고 그린피쉬는 구피보다 2마리가 더 있었습니다. 블러드핀은 구피보다 3마리가 더 적게 있었습니다. 그린피쉬와 블러드핀은 모두 몇 마리가 있었는지 풀이 과정을 쓰고, 답을 구하세요. (20점)

힌트로 해결 끝!

구피의 수를 이용해 그린피쉬와 블러드핀의 수를 구해요.

풀이

답 _____

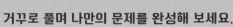

다음은 주어진 수와 낱말, 조건을 활용해서 만든 문제를 보고 풀이 과정과 답을 구한 것입니다.
어떤 문제였을까요? 거꾸로 문제 만들기, 도전해 볼까요? 25점

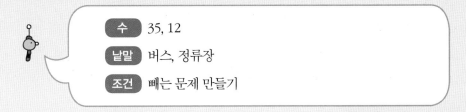

수	35, 12
낱말	버스, 정류장
조건	빼는 문제 만들기

★ 힌트 ★
내린 사람 수를 빼서 구해요.

문제

풀이

(버스에 남아 있는 사람 수)

=(버스에 타고 있던 사람 수)-(내린 사람 수)

=35-12

=23(명)입니다.

따라서 버스 안에 남아 있는 사람은 23명입니다.

답 _____ 23명

3. 여러 가지 모양

STEP 1 대표 문제 맛보기

준수가 설명하는 모양과 같은 모양은 무엇인지 기호를 쓰려고 합니다. 풀이 과정을 쓰고, 답을 구하세요. (8점)

> 준수 선이 반듯합니다.
> 뾰족한 곳이 4군데입니다.

ㄱ ㄴ ㄷ ㄹ ㅁ

1단계 알고 있는 것 (1점) ㄱ, ㄴ, ☐, ㄹ, ☐ 의 모양

2단계 구하려는 것 (1점) 준수가 설명하는 모양과 (같은, 다른) 모양이 무엇인지 찾아 ☐ 를 쓰려고 합니다.

3단계 문제 해결 방법 (2점) ㄱ부터 ㅁ까지의 모양 중 ☐ 이 반듯하고 뾰족한 곳이 ☐ 군데인 모양을 찾습니다.

4단계 문제 풀이 과정 (3점) ㄱ의 모양은 반듯한 선과 휘어진 선으로 되어 있고 뾰족한 곳은 ☐ 군데입니다.

ㄴ의 모양은 반듯한 선으로 되어 있고 뾰족한 곳은 ☐ 군데입니다.

ㄷ의 모양은 반듯한 선으로 되어 있고 뾰족한 곳은 ☐ 군데입니다.

ㄹ의 모양은 반듯한 선으로 되어 있고 뾰족한 곳은 ☐ 군데입니다.

ㅁ의 모양은 휘어진 선으로만 되어 있고 뾰족한 곳은 없습니다.

5단계 구하려는 답 (1점) 따라서 준수가 설명하는 모양은 ☐ 입니다.

STEP 2 따라 풀어보기 ☆

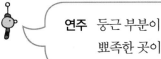 ▲, ● 모양 중에서 연주가 말하는 모양이 어떤 것인지 찾고, 그림에서 같은 모양을 모두 찾아 기호를 쓰려고 합니다. 풀이과정을 쓰고, 답을 구하세요. (9점)

> **연주** 둥근 부분이 있습니다.
> 뾰족한 곳이 없습니다.

ㄱ 　　　 ㄴ 　　　 ㄷ 　　　 ㄹ 　　　 ㅁ

1단계 알고 있는 것 (1점) □, ㄴ, □, ㄹ, □ 의 모양

2단계 구하려는 것 (1점) ■, ▲, ● 모양 중에서 연주가 말하는 모양이 어떤 모양인지 찾고, 같은 모양을 모두 찾아 □ 를 쓰려고 합니다.

3단계 문제 해결 방법 (2점) ㄱ부터 ㅁ까지의 모양 중 □ 부분이 있고 뾰족한 곳이 (있는, 없는) 모양을 찾습니다.

4단계 문제 풀이 과정 (3점) ■ 모양은 반듯한 선으로 이루어져 있고 뾰족한 곳이 □ 군데입니다.

▲ 모양은 반듯한 선으로 이루어져 있고 뾰족한 곳이 □ 군데입니다.

● 모양은 둥근 부분이 있고 뾰족한 부분이 (있습니다, 없습니다).

그러므로 연주가 말한 모양은 □ 모양입니다. ㄱ과 ㄴ은 □ 모양이고, ㄷ은 □ 모양이고, ㄹ과 ㅁ은 □ 모양입니다.

5단계 구하려는 답 (2점)

STEP 3 스스로 풀어보기

1. 다음 모양들을 같은 모양끼리 모았을 때 ■, ▲, ● 모양 중 가장 많은 모양은 몇 개인지 풀이 과정을 쓰고, 답을 구하세요. (10점)

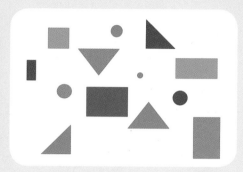

풀이

모양의 수를 세어 보면 ■ 모양은 ☐ 개, ▲ 모양은 ☐ 개, ● 모양은 ☐ 개입니다.
따라서 가장 많은 모양은 ■ 모양으로 ☐ 개입니다.

답 _____

2. 도로 표지판을 모아놓은 그림입니다. 같은 모양끼리 모았을 때 가장 많은 모양은 몇 개인지 풀이 과정을 쓰고, 답을 구하세요. (15점)

풀이

답 _____

STEP 1 대표 문제 맛보기

■, ▲, ● 모양을 이용하여 만든 기차입니다.
각각의 모양을 몇 개씩 이용했는지 풀이 과정을 쓰고,
답을 구하세요. 8점

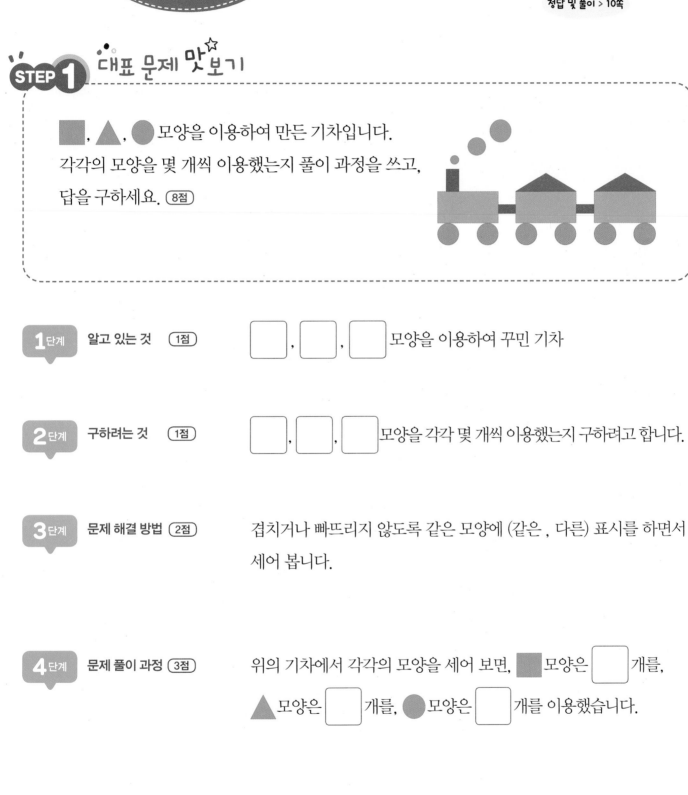

1단계 알고 있는 것 (1점) ☐ , ☐ , ☐ 모양을 이용하여 꾸민 기차

2단계 구하려는 것 (1점) ☐ , ☐ , ☐ 모양을 각각 몇 개씩 이용했는지 구하려고 합니다.

3단계 문제 해결 방법 (2점) 겹치거나 빠뜨리지 않도록 같은 모양에 (같은 , 다른) 표시를 하면서
세어 봅니다.

4단계 문제 풀이 과정 (3점) 위의 기차에서 각각의 모양을 세어 보면, ■ 모양은 ☐ 개를,
▲ 모양은 ☐ 개를, ● 모양은 ☐ 개를 이용했습니다.

5단계 구하려는 답 (1점) 따라서 ■ 모양은 ☐ 개, ▲ 모양은 ☐ 개, ● 모양은
☐ 개를 이용했습니다.

■, ▲, ● 모양을 이용하여 로켓을 꾸며 보았습니다. 각각의 모양을 몇 개씩 이용했는지 풀이 과정을 쓰고, 답을 구하세요. (9점)

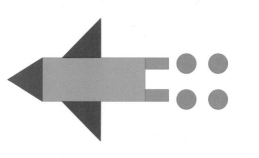

1단계 알고 있는 것 (1점) ☐, ☐, ☐ 모양을 이용하여 꾸민 로켓

2단계 구하려는 것 (1점) ☐, ☐, ☐ 모양을 각각 몇 개씩 이용했는지 구하려고 합니다.

3단계 문제 해결 방법 (2점) 겹치거나 빠뜨리지 않도록 같은 모양에 (같은 , 다른) 표시를 하면서 세어 봅니다.

4단계 문제 풀이 과정 (3점) 위의 로켓에서 각가의 모양을 세어 보면, ■ 모양은 ☐ 개, ▲ 모양은 ☐ 개, ● 모양은 ☐ 개를 이용했습니다.

5단계 구하려는 답 (2점) _____

123 이것만 알면 문제 해결 OK!

📌 **여러 가지 모양으로 꾸미기**

☆ 이용한 모양의 개수를 세어 볼 때는 겹치거나 빠뜨리지 않게 같은 모양에 같은 표시(∨, ○, ✕)를 하여 세어 봅니다.

STEP 3 스스로 풀어보기

1. 다음 모양을 꾸미는 데 ■, ▲, ● 모양 중 가장 많이 이용한 모양과 가장 적게 이용한 모양의 개수의 차가 몇 개인지 구하려고 합니다. 풀이 과정을 쓰고, 답을 구하세요. 〔10점〕

풀이

■ 모양 ☐ 개, ▲ 모양 ☐ 개, ● 모양은 ☐ 개를 이용하였습니다. 가장 많이 이용한 모양은 ☐ 모양으로 ☐ 개이고, 가장 적게 이용한 모양은 ☐ 모양으로 ☐ 개입니다. 따라서 ☐ 모양과 ☐ 모양의 개수의 차는 ☐ ― ☐ = ☐ (개)입니다.

답 _____

2. ■, ▲, ● 모양 중 가장 많이 이용한 모양과 가장 적게 이용한 모양의 개수의 합이 몇 개인지 구하려고 합니다. 풀이 과정을 쓰고, 답을 구하세요. 〔15점〕

풀이

답 _____

1 유형①+②

■, ▲, ● 모양을 이용하여 꾸민 것입니다. 반듯한 선의 수에 따라 모양을 구분하여 각각의 모양이 이용된 개수를 ㉠, ㉡, ㉢에 써 넣으려고 합니다. ㉠, ㉡, ㉢에 알맞은 수를 구하는 풀이 과정을 쓰고, 답을 구하세요. (20점)

각 모양의 반듯한 선의 수 (개)	0	3	4
이용한 모양의 수 (개)	㉠	㉡	㉢

풀이

답 ㉠:   ㉡:   ㉢:

2 유형①+②

다음 그림은 ■, ▲, ● 모양을 이용하여 꾸민 것입니다. 뾰족한 곳이 3개인 모양은 뾰족한 곳이 없는 모양보다 몇 개 더 많은지 풀이 과정을 쓰고, 답을 구하세요. (20점)

풀이

답

3 생활수학

힌트로 해결 끝!

문제에서 주어진 표지판은 무슨 모양인지 생각해 보세요.

도로에는 운전자와 보행자의 안전을 지켜주기 위한 여러 가지 종류의 표지판이 있습니다. 아래의 표지판 중에서 **P** 표지판과 같은 모양의 표지판은 모두 몇 개인지 풀이 과정을 쓰고, 답을 구하세요. (단, **P** 표지판은 포함하지 않습니다.) (20점)

풀이

답 _____

4 생활수학

힌트로 해결 끝!

선을 따라 잘랐을 때 생기는 모양은 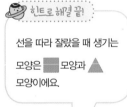 모양과 모양이에요.

종이 위에 선이 그려져 있습니다. 선을 따라 모두 자르면 모양과 ▲ 모양 중 어떤 모양이 몇 개 더 많이 나오는지 풀이 과정을 쓰고, 답을 구하세요. (20점)

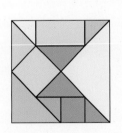

풀이

답 _____

다음은 주어진 모양과 그림을 이용하여 만든 문제를 보고 풀이 과정과 답을 구한 것입니다. 어떤 문제였을까요? 거꾸로 문제 만들기, 도전해 볼까요? (20점)

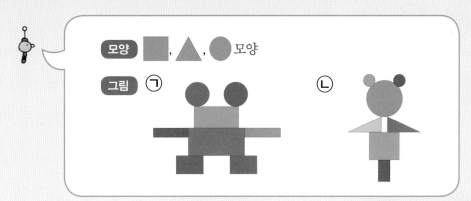

★힌트★
풀이의 끝에 보면 무엇을 구하려는 것인지 알 수 있어요

문제

풀이

㉠은 ■ 모양 6개와 ● 모양 2개를 이용하였고, ㉡은 ■ 모양 2개와 ▲ 모양 2개, ● 모양 3개를 이용하였습니다.

㉠에는 ▲ 모양이 이용되지 않았으므로 ■, ▲, ● 모양을 모두 이용하지 않은 것은 ㉠입니다.

답 ㉠

4. 덧셈과 뺄셈(2)

☆ 한 자리 수인 세 수의 덧셈

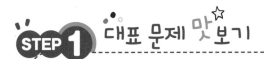 STEP 1 대표 문제 맛보기

서윤이가 가지고 있는 사탕의 수는 6개, 민정이가 가지고 있는 사탕의 수는 1개, 준영이가 가지고 있는 사탕의 수는 2개입니다. 세 사람이 가지고 있는 사탕은 모두 몇 개인지 구하려고 합니다. 풀이 과정을 쓰고, 답을 구하세요. (8점)

1단계 알고 있는 것 (1점)

서윤이가 가지고 있는 사탕의 수 : ☐ 개

민정이가 가지고 있는 사탕의 수 : ☐ 개

준영이가 가지고 있는 사탕의 수 : ☐ 개

2단계 구하려는 것 (1점)

세 사람이 가지고 있는 ☐ 이 모두 몇 개인지 구하려고 합니다.

3단계 문제 해결 방법 (2점)

세 사람이 가지고 있는 사탕의 수를 모두 (더합니다 , 뺍니다).

4단계 문제 풀이 과정 (3점)

(세 사람이 가지고 있는 사탕의 수)

= (서윤이가 가지고 있는 사탕의 수) + (민정이가 가지고 있는 사탕의 수) + (준영이가 가지고 있는 사탕의 수)

= ☐ + ☐ + ☐

= ☐ + 2

= ☐ (개)

5단계 구하려는 답 (1점)

따라서 세 사람이 가지고 있는 사탕의 수는 ☐ 개입니다.

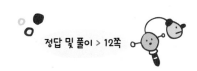

STEP 2 따라 풀어보기

태호는 일주일에 3번 도서관에 갑니다. 화요일에는 동화책 3권, 목요일에는 위인전 2권, 토요일에는 만화책 4권을 읽었습니다. 태호가 3일 동안 읽은 책은 모두 몇 권인지 풀이 과정을 쓰고, 답을 구하세요. (9점)

1단계 알고 있는 것 (1점)

태호가 화요일에 읽은 동화책의 수 : ☐ 권

태호가 목요일에 읽은 위인전의 수 : ☐ 권

태호가 토요일에 읽은 만화책의 수 : ☐ 권

2단계 구하려는 것 (1점)

태호가 3일 동안 읽은 ☐ 이 모두 몇 권인지 구하려고 합니다.

3단계 문제 해결 방법 (2점)

태호가 3일 동안 읽은 책의 수를 모두 (더합니다 , 뺍니다).

4단계 문제 풀이 과정 (3점)

(태호가 3일 동안 읽은 책의 수)

= (화요일에 읽은 책의 수) + (목요일에 읽은 책의 수) + (토요일에 읽은 책의 수)

= ☐ + ☐ + ☐

= ☐ + 4

= ☐ (권)

5단계 구하려는 답 (2점)

_____

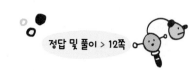

STEP 3 스스로 풀어보기 ☆

유형①

1. 준오가 계단을 오르고 있습니다. 가장 아래에서부터 첫 번째 걸음에 3칸을 올라갔고, 두 번째 걸음에 2칸을 올라갔고, 세 번째 걸음에 2칸을 올라갔습니다. 모두 몇 칸을 올라갔는지 풀이 과정을 쓰고, 답을 구하세요. (10점)

풀이

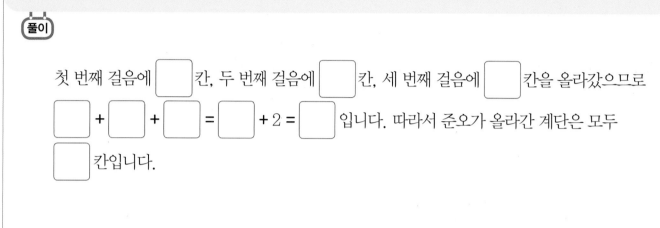

첫 번째 걸음에 ☐ 칸, 두 번째 걸음에 ☐ 칸, 세 번째 걸음에 ☐ 칸을 올라갔으므로

☐ + ☐ + ☐ = ☐ + 2 = ☐ 입니다. 따라서 준오가 올라간 계단은 모두

☐ 칸입니다.

답 _____

2. 태권도 학원, 영어 학원, 피아노 학원이 같은 건물에 있습니다. 태권도 학원은 2층에 있고, 영어 학원은 태권도 학원보다 3층 더 위에 있고, 피아노 학원은 영어 학원보다 3층 더 위에 있습니다. 피아노 학원은 몇 층에 있는지 풀이 과정을 쓰고, 답을 구하세요. (15점)

풀이

답 _____

STEP 1 대표 문제 맛보기

어머니가 키위를 8개 사 오셨습니다. 그중 정우가 3개를 먹었고 동생이 2개를 먹었습니다.
남아 있는 키위는 몇 개인지 풀이 과정을 쓰고, 답을 구하세요. (8점)

1단계 알고 있는 것 (1점)

어머니가 사 오신 키위의 수 : ☐ 개

정우가 먹은 키위의 수 : ☐ 개

동생이 먹은 키위의 수 : ☐ 개

2단계 구하려는 것 (1점)

남아 있는 ☐ 의 수를 구하려고 합니다.

3단계 문제 해결 방법 (2점)

어머니가 사 오신 키위의 수에서 정우가 먹은 키위의 수를 (더하고 ,

빼고), 동생이 먹은 키위의 수를 (더합니다 , 뺍니다).

4단계 문제 풀이 과정 (3점)

(남아 있는 키위의 수)

= (어머니가 사 오신 키위의 수) − (정우가 먹은 키위의 수) − (동생이

먹은 키위의 수)

= ☐ − ☐ − ☐

= ☐ − 2

= ☐ (개)

5단계 구하려는 답 (1점)

따라서 남아 있는 키위는 모두 ☐ 개입니다.

STEP 2 따라 풀어보기

태현이가 풀어야 할 수학 문제는 모두 9문제입니다. 어제 3문제를 풀고 오늘 4문제를 풀었다면, 몇 문제를 더 풀어야 하는지 풀이 과정을 쓰고, 답을 구하세요. (9점)

1단계 알고 있는 것 (1점)

태현이가 풀어야 할 수학 문제의 수 : ▢ 문제

태현이가 어제 푼 수학 문제의 수 : ▢ 문제

태현이가 오늘 푼 수학 문제의 수 : ▢ 문제

2단계 구하려는 것 (1점)

태현이가 더 풀어야 하는 수학 ▢ 의 수를 구하려고 합니다.

3단계 문제 해결 방법 (2점)

태현이가 풀어야 할 수학 문제의 수에서 어제 푼 문제의 수를 (더하고 , 빼고), 오늘 푼 문제의 수를 (더합니다 , 뺍니다).

4단계 문제 풀이 과정 (3점)

(더 풀어야 하는 문제 수)

= (풀어야 할 문제 수) − (어제 푼 문제 수) − (오늘 푼 문제 수)

= ▢ − ▢ − ▢

= ▢ − 4

= ▢ (문제)

5단계 구하려는 답 (2점) _____

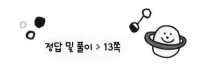

 유형❷

1. 리아가 처음에 가지고 있었던 풍선은 8개입니다. 그중 3개는 놀다가
터졌고, 3개는 날아가 버렸습니다. 남은 풍선은 몇 개인지 풀이 과정
을 쓰고, 답을 구하세요. (10점)

 풀이

리아가 처음에 가지고 있었던 풍선의 수에서 터진 풍선과 날아가 버린 풍선의 수를 뺍니다.

(처음에 가지고 있었던 풍선의 수) – (터진 풍선의 수) – (날아간 풍선의 수)

= ☐ – 3 – ☐

= ☐ – ☐

= ☐ 이므로 남은 풍선의 수는 ☐ 개입니다.

답 _____

2. 주원이에게는 주사위가 총 9개가 있었습니다. 그중에서 진수가 보드게임을 하기 위해 2개를 빌
려갔고, 서은이가 수 놀이를 하기 위해 4개를 빌려갔습니다. 주원이에게 남은 주사위는 몇 개인
지 풀이 과정을 쓰고, 답을 구하세요. (15점)

 풀이

답 _____

STEP 1 대표 문제 맛보기

바구니 안에 옥수수 4개와 감자 6개가 있습니다. 바구니 안에 있는 옥수수와 감자는 모두 몇 개인지 구하려고 합니다. 풀이 과정을 쓰고, 답을 구하세요. (8점)

1단계 알고 있는 것 (1점)

옥수수의 수 : ☐ 개

감자의 수 : ☐ 개

2단계 구하려는 것 (1점)

바구니 안에 있는 옥수수의 수와 ☐ 의 수는 모두 몇 개인지 구하려고 합니다.

3단계 문제 해결 방법 (2점)

옥수수의 수와 ☐ 의 수를 (더합니다 , 뺍니다).

4단계 문제 풀이 과정 (3점)

(옥수수와 감자의 수)

= (옥수수의 수) + (감자의 수)

= ☐ + ☐ = ☐ (개)

5단계 구하려는 답 (1점)

따라서 옥수수와 감자는 모두 ☐ 개입니다.

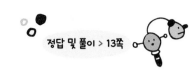

STEP 2 따라 풀어보기

영준이와 승우는 딱지치기를 하고 있습니다. 영준이는 딱지를 7장 땄고, 승우는 3장을 땄습니다. 두 친구가 딴 딱지는 모두 몇 장인지 구하려고 합니다. 풀이 과정을 쓰고, 답을 구하세요. (9점)

1단계 알고 있는 것 (1점)

영준이가 딴 딱지 수 : ☐ 장

승우가 딴 딱지 수 : ☐ 장

2단계 구하려는 것 (1점)

영준이와 ☐ 가 딴 딱지의 수는 모두 몇 장인지 구하려고 합니다.

3단계 문제 해결 방법 (2점)

영준이가 딴 딱지의 수와 ☐ 가 딴 딱지의 수를 (더합니다 , 뺍니다).

4단계 문제 풀이 과정 (3점)

(영준이와 승우가 딴 딱지의 수)

= (영준이가 딴 딱지의 수) + (승우가 딴 딱지의 수)

= ☐ + ☐ = ☐ (개)

5단계 구하려는 답 (2점) _____

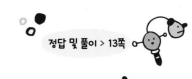

STEP 3 스스로 풀어보기

유형 ❸

1. 소연이는 마트에 가서 아이스크림 4개와 초코 우유 6개를 샀습니다. 소연이가 마트에서 산 아이스크림과 초코 우유는 모두 몇 개인지 구하려고 합니다. 풀이 과정을 쓰고, 답을 구하세요. (10점)

풀이

마트에서 산 아이스크림과 초코 우유의 수를 더합니다.

따라서 (마트에서 산 아이스크림과 초코 우유의 수)

= (아이스크림의 수) + (초코 우유의 수)

= ☐ + ☐ = ☐ (개)이므로

마트에서 산 아이스크림과 초코 우유의 수는 모두 ☐ 개입니다.

답 _____

2. 도훈이는 접시에 있는 쿠키 7개를 먹었습니다. 동생이 3개의 쿠키를 먹은 후 접시를 보니 접시가 비었습니다. 처음 접시에 있었던 쿠키의 수를 구하려고 합니다. 풀이 과정을 쓰고, 답을 구하세요. (15점)

풀이

_____

_____

_____

_____

답 _____

핵심유형 4

☆ 10에서 빼기

정답 및 풀이 > 14쪽

STEP 1 대표 문제 맛보기

서연이는 사탕 10개를 가지고 있습니다. 양손에 나누어 쥐고 왼손을 펼쳐보니 3개가 있었습니다. 오른손에는 몇 개가 있는지 구하려고 합니다. 풀이 과정을 쓰고, 답을 구하세요. (8점)

1단계 알고 있는 것 (1점)

서연이가 가지고 있는 사탕의 수 : ☐ 개

왼손에 쥐고 있는 사탕의 수 : ☐ 개

2단계 구하려는 것 (1점)

서연이의 (왼손 , 오른손)에 있는 ☐ 의 수를 구하려고 합니다.

3단계 문제 해결 방법 (2점)

처음 가지고 있던 사탕의 수에서 왼손에 있는 사탕의 수를 (더합니다 , 뺍니다).

4단계 문제 풀이 과정 (3점)

(오른손에 있는 사탕의 수)

= (전체 사탕의 수) − (왼손에 있는 사탕의 수)

= 10 − ☐ = ☐ (개)

5단계 구하려는 답 (1점)

따라서 서연이의 오른손에는 ☐ 개의 사탕이 있습니다.

지후는 초콜릿 10개를 가지고 있습니다. 그중 6개를 먹었을 때, 지후에게 남은 초콜릿은 몇 개인지 구하려고 합니다. 풀이 과정을 쓰고, 답을 구하세요. (9점)

1단계 알고 있는 것 (1점)

지후가 가지고 있는 초콜릿의 수 : ☐ 개

지후가 먹은 초콜릿의 수 : ☐ 개

2단계 구하려는 것 (1점)

지후가 먹고 남은 ☐ 의 수는 몇 개인지 구하려고 합니다.

3단계 문제 해결 방법 (2점)

처음 가지고 있던 초콜릿 수에서 먹은 초콜릿 수를 (더합니다 , 뺍니다).

4단계 문제 풀이 과정 (3점)

(남은 초콜릿 수)

= (처음에 가지고 있던 초콜릿 수) − (먹은 초콜릿 수)

= 10 − ☐ = ☐ (개)

5단계 구하려는 답 (2점)
_____

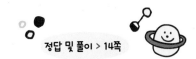

STEP 3 스스로 풀어보기

1. 아영이는 테니스공 10개를 샀습니다. 주말에 테니스 연습을 하는데 3개가 풀숲에 떨어져서 찾지 못했습니다. 아영이에게 남아 있는 테니스공은 모두 몇 개인지 구하려고 합니다. 풀이 과정을 쓰고, 답을 구하세요. (10점)

풀이

남아 있는 테니스공의 수는 전체 테니스공의 수에서 찾지 못한 테니스공의 수를 뺍니다.

따라서 (남아 있는 테니스공의 수) = (전체 테니스공의 수) − (찾지 못한 테니스공의 수)

= ☐ − ☐ = ☐ (개)이므로

남아 있는 테니스 공은 ☐ 개입니다.

답 _____

2. 민수에게 빨간색 연필 3자루와 파란색 연필 7자루가 있었습니다. 이 중에서 동생이 4자루를 빌려갔습니다. 민수에게 남아 있는 연필은 몇 자루인지 구하려고 합니다. 풀이 과정을 쓰고, 답을 구하세요. (15점)

 풀이

답 _____

스스로 문제를 풀어보며 실력을 높여보세요.

1 유형①+③

수호, 하연, 예지는 각각 더해서 10이 되는 수 카드를 모았습니다. 아래의 ㉠+㉡+㉢의 값을 구하려고 합니다. 풀이 과정을 쓰고, 답을 구하세요. (20점)

수호 $\boxed{7, ㉠}$ 하연 $\boxed{㉡, 8}$ 예지 $\boxed{㉢, 6}$

 풀이

힌트로 해결 끝!

10이 되는 두 수를 생각해요.

세 수의 합은 두 수를 더한 후 나머지 한 수를 더해요.

답 _____

2 유형③+④

동영이는 8살이고 형은 동영이보다 2살 더 많습니다. 동생은 형보다 5살이 더 어리다면 동생은 몇 살인지 풀이 과정을 쓰고, 답을 구하세요. (20점)

 풀이

힌트로 해결 끝!

형의 나이를 먼저 구해야 해요.

형의 나이로 동생의 나이도 구할 수 있겠죠?

답 _____

창의융합

3

힌트로 해결 끝!

10이 되는 더하기를 생각해요.

10이 되는 더하기에 모두 색칠하면 어떤 숫자가 보이는지 풀이 과정을 쓰고, 답을 구하세요. (20점)

1+9	5+4	3+4	4+6	2+7
2+8	2+5	9+0	3+7	3+3
6+4	7+2	6+3	5+5	1+8
7+3	5+5	8+2	9+1	6+4
3+6	8+1	2+7	7+3	6+3

풀이

답

창의융합

4

힌트로 해결 끝!

10이 되는 더하기를 찾아 서로 다른 색으로 색칠해 보세요.

[보기]와 같이 위, 아래 또는 오른쪽, 왼쪽으로 이웃한 두 수를 더하여 10이 되도록 서로 다른 색으로 색칠하려고 합니다. 필요한 색은 몇 가지인지 풀이 과정을 쓰고, 답을 구하세요. (단, 한 번 칠한 수는 다른 색으로 칠할 수 없습니다.) (20점)

보기

6	2	6
4	4	3
9	5	5

6	2	5	8	9
4	7	3	4	1
9	5	3	5	6
2	8	4	5	2

오른쪽, 왼쪽으로 이웃한 두 수임을 잊지 마세요!

풀이

답

다음은 주어진 수와 낱말, 조건을 활용해서 만든 문제를 보고 풀이 과정과 답을 구한 것입니다.
어떤 문제였을까요? 거꾸로 문제 만들기, 도전해 볼까요? 20점

수	2, 3, 4
낱말	장미, 백합, 카네이션
조건	세 수의 덧셈 문제 만들기

★ 힌트 ★
세 수의 합을 구하는 문제를 만들어요

문제

풀이

장미, 백합, 카네이션의 수를 모두 더하면 4+3+2=9입니다.

따라서 꽃은 모두 9송이가 있습니다.

답 _____ 9송이

5. 시계 보기와 규칙 찾기

STEP 1 대표 문제 맛보기

시우네 가족이 아침에 집에서 나가는 시각입니다. 8시에 나가는 사람은 누구인지 풀이 과정을 쓰고, 답을 구하세요. (8점)

아버지

누나

시우

1단계 알고 있는 것 (1점)

아버지 : 시계의 짧은바늘은 ☐, 긴바늘은 12를 가리킵니다.

누나 : 시계의 짧은바늘은 ☐, 긴바늘은 12를 가리킵니다.

시우 : 시계의 짧은바늘은 ☐, 긴바늘은 12를 가리킵니다.

2단계 구하려는 것 (1점)

☐시에 집에서 나가는 사람이 누구인지 구하려고 합니다.

3단계 문제 해결 방법 (2점)

긴바늘이 ☐를 가리키면 ☐바늘을 보고 몇 시로 나타냅니다.

4단계 문제 풀이 과정 (3점)

집에서 나가는 시각이 아버지는 ☐시, 누나는 ☐시, 시우는 ☐시입니다.

5단계 구하려는 답 (1점)

따라서 8시에 나가는 사람은 ☐입니다.

STEP 2 따라 풀어보기 ☆

은주는 5시에 친구를 만났습니다. 은주가 친구를 만난 시각에 시계의 짧은바늘이 가리키는 숫자가 무엇인지 풀이 과정을 쓰고, 답을 구하세요. (9점)

1단계 알고 있는 것 (1점)   은주가 친구를 만난 시각 : ☐ 시

2단계 구하려는 것 (1점)   ☐ 시일 때 (긴 , 짧은)바늘이 가리키는 숫자가 무엇인지 구하려고 합니다.

3단계 문제 해결 방법 (2점)   ☐ 시일 때 시계의 짧은바늘과 긴바늘이 가리키는 숫자를 찾습니다.

4단계 문제 풀이 과정 (3점)   은주가 친구를 만난 시각이 ☐ 시이므로 짧은바늘은 ☐ , 긴바늘은 ☐ 를 가리킵니다.

5단계 구하려는 답 (2점)   _____

📌 **시계 보기 : 몇 시**

☆ 시계의 긴바늘이 12를 가리키면 '몇 시'입니다.

☆ 짧은바늘이 3, 긴바늘이 12를 가리킬 때, 시계는 3시를 나타내고 '세 시'라고 읽습니다.

이것만 알면 문제 해결 OK!

STEP 3 스스로 풀어보기

1. 지민이가 저녁 식사와 청소를 한 시각입니다. 저녁 식사와 청소 중 더 먼저 한 일은 무엇인지 풀이 과정을 쓰고, 답을 구하세요. (10점)

저녁 식사   청소

풀이

저녁 식사 시각은 짧은바늘이 □, 긴바늘이 □를 가리키므로 □시입니다.

청소를 한 시각은 짧은바늘이 □, 긴바늘이 □를 가리키므로 □시입니다.

저녁 식사 시각에서 짧은바늘이 시계 반대 방향으로 숫자 큰 눈금 □칸을 가야 청소 시각이 되므로 6시가 더 (빠른 , 늦은) 시각입니다. 따라서 더 먼저 한 일은 □입니다.

답 _____

2. 서진이와 연호가 아침을 먹은 시각을 나타낸 시계입니다. 아침을 늦게 먹은 사람이 누구인지 풀이 과정을 쓰고, 답을 구하세요. (15점)

서진   연호

풀이

답 _____

STEP 1 대표 문제 맛보기

유정이는 3시 30분, 정안이는 4시 30분, 수연이는 5시 30분에 영어 학원에 갑니다.
세 친구가 영어 학원에 가는 시각은 시계의 긴바늘이 모두 같은 숫자를 가리킵니다.
어떤 숫자를 가리키는지 풀이 과정을 쓰고, 답을 구하세요. (8점)

1단계 알고 있는 것 (1점)

유정이가 영어 학원에 가는 시각 : ☐ 시 ☐ 분

정안이가 영어 학원에 가는 시각 : ☐ 시 ☐ 분

수연이가 영어 학원에 가는 시각 : ☐ 시 ☐ 분

2단계 구하려는 것 (1점)

세 친구의 영어 학원을 가는 시각에서 (긴 , 짧은)바늘이 가리키는
숫자를 구하려고 합니다.

3단계 문제 해결 방법 (2점)

각 시각에서 '몇 시'를 나타내는 ☐ 바늘과 '몇 분'을 나타내는

☐ 바늘이 어디를 가리키는지 알아봅니다.

4단계 문제 풀이 과정 (3점)

3시 30분은 짧은바늘이 ☐ 과 ☐ 사이에 있고,

4시 30분은 짧은바늘이 ☐ 과 ☐ 사이에 있고,

5시 30분은 짧은바늘이 ☐ 과 ☐ 사이에 있고,

긴바늘은 모두 ☐ 을 가리킵니다.

5단계 구하려는 답 (1점)

따라서 긴바늘이 가리키는 숫자는 ☐ 입니다.

윤호가 시계를 보고 10시 30분이라고 잘못 읽었습니다. 잘못 읽은 이유를 풀이 과정에 쓰고, 시계를 바르게 읽어보세요. (9점)

1단계 알고 있는 것 (1점)

시계의 짧은바늘이 □와 10사이에 있고 긴바늘이 □을 가리킵니다.

2단계 구하려는 것 (1점)

윤호가 시각을 잘못 읽은 □를 쓰고 시계를 바르게 읽으려고 합니다.

3단계 문제 해결 방법 (2점)

각 시각에서 '몇 시'를 나타내는 □바늘과 '몇 분'을 나타내는 □바늘이 어디를 가리키는지 알아봅니다.

4단계 문제 풀이 과정 (3점)

짧은바늘이 □와 10 사이에 있고 긴바늘이 □을 가리키면 □시 □분인데, 10시 30분이라고 잘못 읽은 것입니다.

5단계 구하려는 답 (2점)

📌 **시계 보기 : 몇 시 30분**

☆ 몇 시 30분은 긴바늘이 항상 '6'을 가리킵니다.

☆ 짧은바늘이 4와 5 사이에 있고, 긴바늘이 6을 가리킬 때, 시계는 4시 30분을 나타내고 '네 시 삼십 분'이라고 읽습니다.

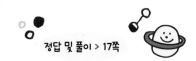

STEP 3 스스로 풀어보기

1. 다민이는 시계의 짧은바늘이 6과 7사이에 있고, 긴바늘이 6을 가리킬 때 숙제를 시작합니다. 다민이가 숙제를 시작한 시각을 구하려고 합니다. 풀이 과정을 쓰고, 답을 구하세요. (8점)

풀이

짧은바늘이 6과 7의 사이에 있고, 긴 바늘이 6을 가리키므로 시계가 나타내는 시각은

☐시 ☐분입니다. 따라서 다민이가 숙제를 시작한 시각은 ☐시 ☐분

입니다.

답 _____

2. 다음은 저녁 식사, 공부하기, 일기쓰기를 시작하는 시각을 나타낸 것입니다. 9시 30분에 할 일은 무엇인지 풀이 과정을 쓰고, 답을 구하세요. (10점)

저녁 식사

공부하기

일기쓰기

풀이

답 _____

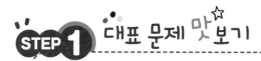 STEP 1 대표 문제 맛보기

규칙에 따라 몸으로 표현한 것입니다. 찾은 규칙에 따라 각각의 동작을 주어진 모양으로 바꾸어 다시 나타내려고 합니다. 규칙을 설명하고, 답을 구하세요. (8점)

1단계 알고 있는 것 (1점) [　] 에 따라 몸으로 표현한 그림

2단계 구하려는 것 (1점) 규칙에 따라 몸으로 표현한 것을 보고 각각의 동작을 주어진

[　] 으로 바꾸어 다시 나타내려고 합니다.

3단계 문제 해결 방법 (2점) 동작의 규칙을 찾아 동작에 맞는 [　] 을 그립니다.

4단계 문제 풀이 과정 (3점)  , , 이 반복됩니다.  은 [　] 모양, 는

[　] 모양으로 바꾸면 [　] - [　] - [　] 가 반복됩니다.

5단계 구하려는 답 (1점) 따라서 [　] - [　] - [　] - [　] - [　] - [　] -

[　] - [　] 모양으로 나타낼 수 있습니다.

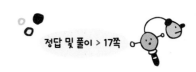
STEP 2 따라 풀어보기 ☆

다음 시계를 보고 규칙에 따라 빈 시계에 시곗바늘을 그리고 수를 써 넣으려고 합니다.
풀이 과정을 쓰고, 답을 구하세요. [9점]

| 7 | 4 | | | |

1단계 알고 있는 것 [1점]　　시계 그림과 수를 알고 있습니다.

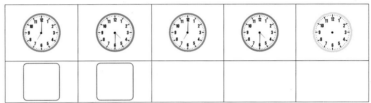

2단계 구하려는 것 [1점]　　규칙에 따라 [　] 바늘을 그리고 수를 써 넣으려고 합니다.

3단계 문제 해결 방법 [2점]　　시각의 규칙을 찾아 [　] 바늘을 그리고 [　] 를 씁니다.

4단계 문제 풀이 과정 [3점]　　[　] 시와 [　] 시 [　] 분이 반복되므로 시곗바늘을 [　] 시가

되도록 그립니다. 또한 [　] 시를 7, [　] 시 [　] 분을 4로 나타

냈으므로 7과 4를 반복해 써 넣습니다.

5단계 구하려는 답 [2점]

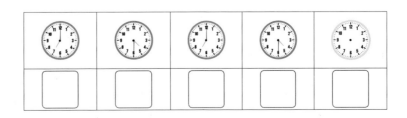

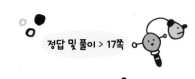

STEP 3 스스로 풀어보기 ☆

유형❸

1. 축구공과 농구공을 규칙에 따라 놓은 것입니다. 이 규칙대로 ♥와 ◆를 이용하여 나타내려고 합니다. ♥모양이 들어갈 곳의 기호를 쓰려고 합니다. 풀이 과정을 쓰고, 답을 구하세요. (10점)

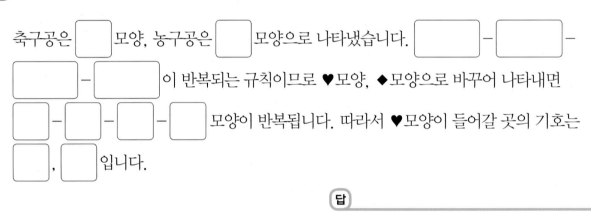

풀이

축구공은 ☐ 모양, 농구공은 ☐ 모양으로 나타냈습니다. ☐ - ☐ -

☐ - ☐ 이 반복되는 규칙이므로 ♥모양, ◆모양으로 바꾸어 나타내면

☐ - ☐ - ☐ - ☐ 모양이 반복됩니다. 따라서 ♥모양이 들어갈 곳의 기호는

☐ , ☐ 입니다.

답 _____

2. 규칙에 따라 색칠한 것입니다. 파란색을 ○, 노란색을 ◇, 초록색을 ☆로 바꾸어 같은 규칙으로 나타낼 때, 빈 칸 ㉠, ㉡에 알맞은 색이 나타내는 모양은 무엇인지 풀이 과정을 쓰고, 답을 구하세요. (15점)

풀이

_____

_____

_____

답 ㉠ : _____ ㉡ : _____

78

STEP 1 대표 문제 맛보기

규칙에 따라 빈칸에 알맞은 수를 구하려고 합니다. 풀이 과정을 쓰고, 답을 구하세요. (8점)

28-24-20-16-12-[　　]

1단계 알고 있는 것 (1점)   규칙에 따라 놓여 있는 수 : [　　], [　　], 20, [　　], 12

2단계 구하려는 것 (1점)   [　　]에 따라 빈칸에 알맞은 수를 구하려고 합니다.

3단계 문제 해결 방법 (2점)   오른쪽으로 갈수록 수가 몇씩 (커지는지 , 작아지는지) 알아봅니다.

4단계 문제 풀이 과정 (3점)   오른쪽으로 갈수록 수가 [　]씩 (커지고 , 작아지고) 있습니다.

28부터 [　]씩 작아지면 28 - 24 - 20 - 16 - 12 - [　] 입니다.

5단계 구하려는 답 (1점)   따라서 빈칸에 알맞은 수는 [　]입니다.

색칠한 수의 규칙에 따라 색칠을 할 때, 더 색칠해야 하는 수를 구하려고 합니다. 풀이 과정을 쓰고, 답을 구하세요. (8점)

51	52	53	54	55	56	57	58	59	60
61	62	63	64	65	66	67	68	69	70
71	72	73	74	75	76	77	78	79	80
81	82	83	84	85	86	87	88	89	90

1단계 알고 있는 것 (1점) 수 배열표에 색칠된 수 : ☐ , 57, ☐ , 69, ☐

2단계 구하려는 것 (1점) ☐ 에 따라 더 색칠해야 하는 수를 구하려고 합니다.

3단계 문제 해결 방법 (2점) ☐ 부터 시작하여 몇씩 (커지는지 , 작아지는지) 규칙을 찾아봅니다.

4단계 문제 풀이 과정 (3점) ☐ 부터 시작하여 ☐ 씩 (커지는 , 작아지는) 규칙이므로, 75보다 ☐ 씩 커지면 ☐ , ☐ 입니다.

5단계 구하려는 답 (1점) _____

📌 **수 배열표에서 규칙 찾기**

31	32	33	34	35	36	37	38	39	40
41	42	43	44	45	46	47	48	49	50
51	52	53	54	55	56	57	58	59	60

☆ ☐ 의 수들은 33부터 시작하여 5씩 커지는 규칙입니다.

STEP 3 스스로 풀어보기 ☆

유형 ④

1. 수 배열표에서 ⊙에 알맞은 수는 얼마인지 ▲의 수를 이용하여 구하려고 합니다. 풀이 과정을 쓰고, 답을 구하세요. (10점)

22	23	24	▲	26	27	28	29
32	33	34	35	36	37	38	39
42	43	44	⊙	46	47	48	49

풀이

수 배열표의 수는 오른쪽으로 [ ]씩 커지고 아래쪽으로 [ ]씩 커집니다. ▲는 24

오른쪽의 수이므로 25입니다. ⊙는 ▲에서 아래쪽으로 [ ]칸 내려온 수 이므로 25에서

아래쪽으로 2칸 내려온 수는 [ ]입니다. 따라서 ⊙에 알맞은 수는 [ ]입니다.

답 _____

2. 수 배열표에서 색칠한 수들이 커지는 규칙과 같은 규칙으로 빈칸에 알맞은 수를 써 넣었을 때, ㉠에 알맞은 수를 구하려고 합니다. 풀이 과정을 쓰고, 답을 구하세요. (15점)

61	62	63	64	65	66
67	68	69	70	71	72
73	74	75	76	77	78
79	80	81	82	83	84
85	86	87	88	89	90

40 – [ ] – [ ] – [ ] – [㉠] – [ ]

풀이

답 _____

 1

수정이는 친구들과 영화를 보러 영화관에 갔습니다. 다음은 영화가 시작할 때 본 시각과 끝날 때 본 시각을 나타낸 시계입니다. 수정이가 본 영화가 시작한 시각과 끝난 시각을 알아보려고 합니다. 풀이 과정을 쓰고, 답을 구하세요. (20점)

시작한 시각   끝난 시각

 힌트로 해결 끝!
시계의 짧은바늘과 긴바늘이 어디를 가리키는지 살펴보세요.

 풀이

답 시작한 시각 :   끝난 시각 :

 2

시계가 나타내는 시각을 보고, 규칙을 찾아 다섯 번째 시계에 시각을 나타내려고 합니다. 다섯 번째 시계가 나타내는 시각을 구하는 풀이 과정을 쓰고, 답을 구하세요. (20점)

 힌트로 해결 끝!
긴바늘이 모두 12를 가리킬 때는 짧은바늘이 가리키는 숫자들의 규칙을 찾아요.

 풀이

답

3

수인이의 아버지는 욕실의 벽을 노란색, 흰색, 빨간색의 타일을 이용하여 꾸미고 있습니다. 수인이가 아버지를 돕기 위해 빈 곳에 타일을 붙이려고 합니다. 규칙에 맞게 완성한다면 ㉠과 ㉡에는 어떤 색의 타일을 붙여야 하는지 풀이 과정을 쓰고, 답을 구하세요. (20점)

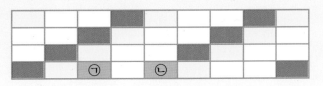

힌트로 해결 끝!
벽면을 채운 타일의 색을 살펴보세요.

색깔 규칙이 어떻게 되어 있는지 잘 살펴보아요.

 풀이

답 ㉠ :   ㉡ :

4

지영이는 음악 시간에 장구의 장단에 대해 배웠습니다. 쿵짝짝이라고 말하면서 장구의 장단을 익혔습니다. '쿵'은 장구의 넓은 부분을 치고 '짝'은 장구의 가장자리를 칩니다. 다음을 보고 규칙에 따라 장구로 칠 때, 장구의 넓은 부분을 치는 것은 몇 번인지 풀이 과정을 쓰고, 답을 구하세요. (20점)

힌트로 해결 끝!
쿵짝짝, 쿵짝짝!
♩은 '쿵', ♪은 '짝'

 풀이

답

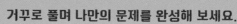

나만의 문제 만들기

다음은 주어진 수 배열표와 조건을 활용해서 만든 문제를 보고 풀이 과정과 답을 구한 것입니다. 어떤 문제였을까요? 거꾸로 문제 만들기, 도전해 볼까요? (15점)

수

33	34	35	36	37	38	39	40
41	42	43	44	45	46	47	48
49	50	51	52	53	54	55	56

조건 수의 규칙으로 문제 만들기

★ 힌트 ★
답이 4개니까 개수를 찾는 문제를 내야 해요

문제

풀이

33부터 시작하여 5씩 커지는 수들을 색칠하면 다음과 같습니다.

33	34	35	36	37	38	39	40
41	42	43	44	45	46	47	48
49	50	51	52	53	54	55	56

따라서 색칠한 수들은 모두 4개입니다.

답   4개

6. 덧셈과 뺄셈(3)

 ☆ **10을 이용하여 모으기와 가르기**

STEP 1 대표 문제 맛보기

준민이에게 과자 18개가 있습니다. 친구에게 선물을 주기 위해 10칸짜리 상자 한 개에 담았다면 상자에 담고 남은 과자는 모두 몇 개인지 10을 이용하여 가르기로 구하려고 합니다. 풀이 과정을 쓰고 답을 구하세요. (8점)

1단계 알고 있는 것 (1점)   준민이가 가지고 있는 과자 : ☐ 개

친구에게 담아 줄 상자의 칸 수 : ☐ 칸

2단계 구하려는 것 (1점)   10칸짜리 상자 한 개에 담고 ☐ 과자는 몇 개인지 구하려고 합니다.

3단계 문제 해결 방법 (2점)   ☐ 을 이용한 모으기와 가르기를 이용합니다.

4단계 문제 풀이 과정 (3점)   18은 10과 ☐ 로 가르기 할 수 있으므로 10칸짜리 상자 한 개에 담은 과자는 ☐ 개이고 ☐ 개가 남습니다.

5단계 구하려는 답 (1점)   따라서 남은 과자는 ☐ 개입니다.

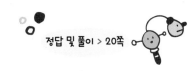

STEP 2 따라 풀어보기

주연이와 승헌이가 수판을 이용하여 8과 7을 모으기 하는 방법에 대해 이야기하고 있습니다. 10을 이용하여 모으기를 할 때, 잘못 이야기 한 사람은 누구인지 풀이 과정을 쓰고, 답을 구하세요. (9점)

주연 난 위쪽 수판에서 아래쪽 수판으로 3을 옮겨서 10을 만들었어. 5와 10이 되니까 15가 되는 거야.

승헌 아래쪽 수판에서 위쪽 수판으로 1을 옮겨서 10을 만들면 10과 6이 되니까 16이 되는 거야.

◆	◆	◆	◆	◆
◆	◆	◆		

◉	◉	◉	◉	◉
◉	◉			

1단계 알고 있는 것 (1점) ☐ 과 7을 (모으기 , 가르기)하는 방법에 대해 이야기하고 있습니다.

2단계 구하려는 것 (1점) 8과 7을 (모으기 , 가르기) 하는 방법에 대해 (바르게 , 잘못) 이야기 한 사람을 구하려고 합니다.

3단계 문제 해결 방법 (2점) ☐ 을 이용한 모으기와 가르기를 이용합니다.

4단계 문제 풀이 과정 (3점) 8과 7을 모으기 할 때 10을 이용하여 모으기 할 수 있습니다.

위쪽 수판과 아래쪽 수판에 ☐ 과 7을 놓고 위쪽 수판에서 아래쪽 수판으로 ☐ 을 옮기면 5와 ☐ 이 되어 15입니다.

또 아래쪽 수판에서 위쪽 수판으로 ☐ 를 옮기면 10과 ☐ 가 되어 ☐ 입니다.

5단계 구하려는 답 (2점) _____

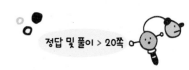

STEP 3

1. 우리 반 친구들이 먹고 싶은 음식을 조사하여 나타낸 표입니다. 떡볶이와 피자를 먹고 싶어 하는 학생은 모두 몇 명인지 덧셈으로 10을 만들어 구하려고 합니다. 풀이 과정을 쓰고, 답을 구하세요. (단, 큰 수가 10이 되게 합니다.) 10점

음식	떡볶이	김밥	피자	합계
학생 수(명)	9	6	7	22

풀이

떡볶이를 먹고 싶어 하는 학생 수와 피자를 먹고 싶어 하는 학생 수를 9+7로 더합니다.

이때 큰 수가 10이 되게 하려면 7을 1과 ☐ 으로 가르기 하여 1을 ☐ 와 더합니다.

따라서 (떡볶이와 피자를 먹고 싶어 하는 학생 수) = (떡볶이를 먹고 싶어 하는 학생 수)

+ (피자를 먹고 싶어 하는 학생 수)= 9+☐ = 9 + ☐ + ☐ = ☐ + ☐

= ☐ (명)입니다.

2. 연아네 가족은 장미나무 8그루와 앵두나무 9그루를 마당에 심으려고 합니다. 마당에 심을 나무는 모두 몇 그루인지 덧셈으로 10을 만들어 구하려고 합니다. 풀이 과정을 쓰고, 답을 구하세요. (단, 큰 수가 10이 되게 합니다.) 15점

 풀이

답

 STEP 1 대표 문제 맛보기

호수에는 오리가 9마리, 거위가 6마리 있습니다. 호수에 있는 오리와 거위는 모두 몇 마리인지 10을 만들어 덧셈으로 구하려고 합니다. 풀이 과정을 쓰고, 답을 구하세요.
(단, 큰 수가 10이 되게 합니다.) 8점

1단계 알고 있는 것 1점

호수에 있는 오리의 수 : ☐ 마리

호수에 있는 거위의 수 : ☐ 마리

2단계 구하려는 것 1점

호수에 있는 ☐ 와 거위는 모두 몇 마리인지 구하려고 합니다.

3단계 문제 해결 방법 2점

오리의 수와 거위의 수를 (더합니다 , 뺍니다).

4단계 문제 풀이 과정 3점

큰 수를 10이 되게 하려면 6을 1과 ☐ 로 가르기 하여 9와 더합니다.

(오리의 수와 거위의 수) = (오리의 수) + (거위의 수)

$$= 9 + 6$$

$$= 9 + \boxed{} + \boxed{}$$

$$= \boxed{} + \boxed{}$$

$$= \boxed{} \text{(마리)}$$

5단계 구하려는 답 1점

따라서 호수에 있는 오리와 거위는 모두 ☐ 마리입니다.

빨간색 나무막대 8개와 파란색 나무막대 5개가 있습니다. 나무막대는 모두 몇 개인지
10을 만들어 덧셈으로 구하려고 합니다. 풀이 과정을 쓰고, 답을 구하세요.
(단, 큰 수가 10이 되게 합니다.) 9점

1단계 알고 있는 것 1점
빨간색 나무막대의 수 : ☐ 개
파란색 나무막대의 수 : ☐ 개

2단계 구하려는 것 1점
☐ 색 나무막대와 파란색 나무막대의 수는 모두 몇 개인지
구하려고 합니다.

3단계 문제 해결 방법 3점
빨간색 나무막대의 수와 파란색 나무막대의 수를 (더합니다 , 뺍니다).

4단계 문제 풀이 과정 3점
큰 수를 10이 되게 하려면 5를 2와 ☐ 으로 가르기 하여 8과 더합니다.
(빨간색 나무막대와 파란색 나무막대의 수)

= (빨간색 나무막대 수) + (파란색 나무막대 수)

= 8 + 5

= 8 + ☐ + ☐

= ☐ + ☐

= ☐ (개)

5단계 구하려는 답 2점 _____

STEP 3 스스로 풀어보기 ☆

1. 지영이가 가진 수 카드와 민수가 가진 수 카드입니다. 두 사람이 가진 수 카드에서 한 장씩 뽑아 덧셈식을 만들려고 합니다. 합이 가장 클 때의 합을 구하세요. [10점]

지영 5 8 4 9   민수 6 9 7 4

풀이

합이 가장 크려면 지영이와 민수가 가진 수 카드 중 가장 (큰 , 작은) 수를 뽑아야 하므로

지영이의 카드 중 가장 큰 수 ☐ , 민수가 가진 수 카드 중 가장 큰 수 ☐ 를 뽑아

더합니다. 따라서 $9 + 9 = 9 + $ ☐ $+$ ☐ $= $ ☐ 이므로 합이 가장 클 때의 합은

☐ 입니다.

답 _____

2. 지연이네 모둠은 퀴즈를 맞힌 사람과 틀린 사람을 손을 들어 조사하였습니다. 퀴즈를 맞힌 사람은 5명이고 틀린 사람의 수는 7명이었습니다. 손을 들지 않은 사람이 없다면 지연이네 모둠은 모두 몇 명인지 풀이 과정을 쓰고, 답을 구하세요. [15점]

풀이

답 _____

☆ (십몇)−(몇)=(몇)

STEP 1 대표 문제 맛보기

지은이는 가지고 있던 아몬드 13개 중 7개를 먹었습니다. 지은이가 먹고 남은 아몬드는 몇 개인지 뺄셈으로 구하려고 합니다. 풀이 과정을 쓰고 답을 구하세요.
(단, 7을 가르기 하여 계산하세요.) 8점

1단계 알고 있는 것 1점

지은이가 가지고 있던 아몬드의 수 : ☐ 개

지은이가 먹은 아몬드의 수 : ☐ 개

2단계 구하려는 것 1점

지은이가 먹고 남은 ☐ 가 몇 개인지 구하려고 합니다.

3단계 문제 해결 방법 2점

처음 아몬드의 수에서 먹은 아몬드의 수를 (더합니다 , 뺍니다).

4단계 문제 풀이 과정 3점

7을 3과 4로 가르기 하여 13에서 3을 먼저 빼고 4를 뺍니다.

(먹고 남은 아몬드의 수) = (처음 아몬드의 수) − (먹은 아몬드의 수)

= 13 − ☐

= 13 − ☐ − ☐

= ☐ − ☐

= ☐ (개)

5단계 구하려는 답 1점

따라서 지은이가 먹고 남은 아몬드 수는 ☐ 개입니다.

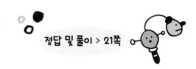

STEP 2 따라 풀어보기☆

케이크를 16조각으로 나누어 한 조각씩 9개의 접시에 담으려고 합니다. 케이크를 다 담으려면 몇 개의 접시가 더 필요한지 뺄셈으로 구하려고 합니다. 풀이 과정을 쓰고 답을 구하세요. (단, 16을 가르기 하여 계산 하세요.) (9점)

1단계 알고 있는 것 (1점)

조각 케이크의 수 : ☐ 조각

접시의 수 : ☐ 개

2단계 구하려는 것 (1점)

☐ 를 다 담으려면 몇 개의 접시가 더 필요한지 구하려고 합니다.

3단계 문제 해결 방법 (2점)

조각 케이크의 수에서 접시의 수를 (더합니다 , 뺍니다).

4단계 문제 풀이 과정 (3점)

16을 10과 6으로 가르기 하여 10에서 9를 먼저 빼고 6을 더합니다.

(더 필요한 접시의 수) = (조각 케이크의 수) − (접시의 수)

$$= \boxed{} - 9$$

$$= \boxed{} + \boxed{} - 9$$

$$= \boxed{} - 9 + \boxed{}$$

$$= \boxed{} + \boxed{}$$

$$= \boxed{} \ (개)$$

5단계 구하려는 답 (2점)

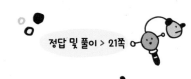

STEP 3 스스로 풀어보기

유형③

1. 바구니에 테니스공이 16개 들어 있었습니다. 그중에서 학생들이 7개를 가지고 나갔습니다. 바구니에 남아 있는 테니스공은 몇 개인지 뺄셈으로 구하려고 합니다. 풀이 과정을 쓰고 답을 구하세요.

(단, 7을 가르기 하여 계산하세요.) (10점)

풀이

처음 바구니에 있었던 테니스공의 수에서 학생들이 가지고 나간 수를 뺍니다.

이때 7을 ☐ 과 1로 가르기 하여 ☐ 에서 뺍니다.

따라서 (바구니에 남아 있는 테니스공의 수) = (처음 테니스공의 수) − (학생들이 가지고 간

테니스공의 수) = 16 − ☐ = 16 − ☐ − ☐ = ☐ − ☐ = ☐ (개)입니다.

답 _____

2. 한결이는 장난감 자동차 15대와 오토바이 6대를 가지고 놀이를 하고 있습니다. 자동차는 오토바이보다 몇 대 더 많은지 뺄셈으로 구하려고 합니다. 풀이 과정을 쓰고 답을 구하세요.

(단, 15를 가르기 하여 계산하세요.) (15점)

풀이

답 _____

정답 및 풀이 > 22쪽

1

종현이와 수지가 주사위를 2번씩 던져 나온 눈입니다. 나온 주사위 눈의 수의 합이 더 큰 사람은 누구인지 풀이 과정을 쓰고, 답을 구하세요. (20점)

종현

수지

 두 수의 크기 비교를 해보세요!

 두 친구의 주사위 눈의 수를 세어 두 수를 더해 보세요.

풀이

답 _____

2

영진이는 8살입니다. 형은 영진이보다 6살 더 많고 누나는 형보다 5살 더 어립니다. 누나는 몇 살인지 풀이 과정을 쓰고, 답을 구하세요. (20점)

 먼저 형의 나이를 구해야 해요.

풀이

답 _____

3

생활수학

준서와 은빈이가 친구들과 딱지치기를 하고 있습니다. 준서는 딱지 16장을, 은빈이는 딱지 14장을 가지고 있습니다. 그중 준서는 9장을 잃었고 은빈이는 6장을 잃었습니다. 준서와 은빈이 중 누구의 딱지가 몇 장 더 많이 남았는지 풀이 과정을 쓰고, 답을 구하세요. 20점

힌트로 해결 끝!

딴 것은 더하고, 잃어버린 것은 빼기!

 풀이

답 _____

4

창의융합

재호네 집 문은 4개 숫자의 비밀번호로 되어있습니다. 다음 뺄셈을 하여 나온 수를 차례로 누르면 재호네 집 문이 열린다고 합니다. 재호네 집 비밀번호를 차례대로 쓰려고 합니다. 풀이 과정을 쓰고 답을 구하세요. 20점

힌트로 해결 끝!

비밀번호를 구하려면 뺄셈을 차례대로 계산해요.

첫 번째 숫자	두 번째 숫자	세 번째 숫자	네 번째 숫자
15−7	13−4	11−6	12−8

 풀이

답 _____

다음은 주어진 수와 조건을 활용해서 어떤 문제를 만든 것을 보고 풀이 과정과 답을 구한 것입니다. 어떤 문제였을지 거꾸로 문제 만들기, 도전해 볼까요? 15점

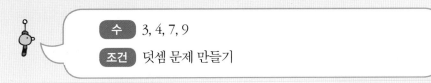

수 3, 4, 7, 9

조건 덧셈 문제 만들기

★힌트★
가장 큰 수와 둘째로 큰 수를 구해야 겠네요

문제

풀이

3 < 4 < 7 < 9이므로 가장 큰 수와 둘째로 큰 수는 9와 7이고,
합은 9 + 7 = 16입니다.

답 ___16___

MEMO

MEMO

MEMO

한 권으로

서술형

끝

정답

2

초등수학
1-2과정

한 권으로 서술형 끝

초등수학

정답

2

초등수학
1-2 과정

넥서스에듀

1단원 100까지의 수

핵심유형 1 몇십(60, 70, 80, 90)

STEP 1 .... P. 12

1단계 10, 7

2단계 7

3단계 7, 10, 7

4단계 7, 70

5단계 70

STEP 2 .... P. 13

1단계 10, 8

2단계 8

3단계 8, 10, 8

4단계 8, 80

5단계 따라서 달걀은 모두 80개입니다.

STEP 3 .... P. 14

❶

풀이   10, 6 / 10, 2 / 6, 2, 8 / 8, 8, 80 / 80

답   80개

	세부 내용	점수
풀이 과정	① 10개씩 6상자와 10개씩 2상자를 더하면 10개씩 8상자가 됨을 나타낸 경우	6
	② 지윤이와 성훈이가 만든 쿠키를 80개라고 쓴 경우	3
답	80개라고 쓴 경우	1
	총점	10

❷

풀이   10장씩 5묶음은 10개씩 묶음 5개이고, 10장씩 2묶음은 10개씩 묶음 2개와 같습니다. 10개씩 묶음 5개 중 2개를 사용하였으므로 남은 것은 10개씩 묶음 3개입니다. 10개씩 묶음 3개는 30이므로 남은 색종이는 30장입니다.

답   30장

	세부 내용	점수
풀이 과정	① 남은 것이 10개씩 묶음 3개임을 나타낸 경우	4
	② 10개씩 3묶음을 30으로 나타낸 경우	5
	③ 남은 색종이 수는 30장이라고 나타낸 경우	3
답	30장이라고 쓴 경우	3
	총점	15

핵심유형 2 수의 순서

STEP 1 .... P. 15

1단계 11, 1

2단계 사이, 수

3단계 큰, 작은

4단계 큰, 12, 작은, 18 / 13, 16, 17

5단계 5

STEP 2 .... P. 16

1단계 89

2단계 수

3단계 큰, 작은

4단계 작은, 큰 / 큰, 90

5단계 따라서 □안에 알맞은 수는 90입니다.

❶

풀이　뒤, 37, 37

답　37번

오답 제로를 위한 **채점 기준표**

	세부 내용	점수
풀이 과정	① 36 바로 뒤의 수는 37이라고 쓴 경우	5
	② 다음으로 들어 온 사람의 번호표는 37번이라고 나타낸 경우	4
답	37번이라고 쓴 경우	1
	총점	10

❷

풀이　수의 순서를 거꾸로 쓰면 1씩 작아집니다. 이것을 이용하면 94 바로 앞의 수는 93입니다. 따라서 태형이가 바둑돌을 올려놓아야 하는 자리에 쓰여 있는 수는 93입니다.

답　93

오답 제로를 위한 **채점 기준표**

	세부 내용	점수
풀이 과정	① 94 바로 앞의 수는 93임을 쓴 경우	7
	② 태형이가 바둑돌을 올려놓아야 할 자리에 쓰여 있는 수를 93이라고 나타낸 경우	6
답	93이라고 쓴 경우	2
	총점	15

 **핵심유형 ❸** 　크기 비교

1단계　71, 67

2단계　아버지, 많이

3단계　클수록

4단계　7, 1, 6, 7, 6, 〉

5단계　아버지

1단계　87, 83

2단계　작은

3단계　작을수록

4단계　8, 7, 8, 3, 3, 〉

5단계　따라서 더 작은 수를 들고 있는 사람은 민준입니다.

❶

풀이　8 / 0, 1, 2, 3, 4, 5, 6

답　0, 1, 2, 3, 4, 5, 6

오답 제로를 위한 **채점 기준표**

	세부 내용	점수
풀이 과정	① 10개씩 묶음의 수가 8로 같음을 표현한 경우	3
	② 낱개의 수는 □<7이므로 7보다 작은 수가 들어가야 함을 표현한 경우	3
	③ □안에 들어갈 숫자가 0, 1, 2, 3, 4, 5, 6이라고 쓴 경우	3
답	0, 1, 2, 3, 4, 5, 6을 모두 쓴 경우	1
	총점	10

❷

풀이　10개씩 묶음의 수와 낱개의 수를 비교하여 구합니다. 낱개의 수를 비교하면 3<6이므로 □3>56이 되려면 □ 안에 들어갈 수는 5보다 큰 수입니다. 0부터 9까지의 수 중에서 □ 안에는 6, 7, 8, 9가 들어 갈 수 있으므로 □ 안에 들어갈 수 있는 수는 모두 4개입니다.

답　4개

오답 제로를 위한 **채점 기준표**

	세부 내용	점수
풀이 과정	① 낱개의 수가 3<6이므로 □에 5보다 큰 수를 넣어야 한다고 한 경우	4
	② □에 들어갈 수 있는 수는 6, 7, 8, 9라고 쓴 경우	6
	③ □에 들어갈 수 있는 수가 모두 4개라고 나타낸 경우	3
답	4개라고 쓴 경우	2
	총점	15

 제시된 풀이는 모범답안이므로
채점 기준표를 참고하여 채점하세요.

핵심유형 4 짝수와 홀수

STEP 1 ·· P. 21

1단계 13

2단계 짝수, 홀수

3단계 짝수, 홀수

4단계 13, 6, 1

5단계 홀수

STEP 2 ·· P. 22

1단계 3, 5

2단계 바르게

3단계 짝수, 홀수

4단계 8, 4, 짝수

5단계 따라서 바르게 말한 사람은 영현입니다.

STEP 3 ·· P. 23

❶

풀이 7, 홀수 / 28, 짝수 / 홀수, 짝수

답 식탁의 수: 홀수, 의자의 수: 짝수

오답 제로를 위한 **채점 기준표**

	세부 내용	점수
풀이 과정	① 식탁의 수는 7이라고 나타낸 경우	1
	② 식탁의 수는 홀수라고 나타낸 경우	3
	③ 의자의 수는 28이라고 나타낸 경우	1
	④ 의자의 수는 짝수라고 나타낸 경우	3
	⑤ 식탁의 수는 홀수, 의자의 수는 짝수라고 나타낸 경우	1
답	식탁의 수는 홀수, 의자의 수는 짝수라고 모두 쓴 경우	1
	총점	10

❷

풀이 짝수인지 홀수인지 알아보기 위해서 둘씩 짝을 지어 봅니다. 연준이네 가족의 좌석번호에서 21과 23은 둘씩 짝을 지을 수 없는 수로 홀수이고, 22와 24는 둘씩 짝을 지을 수 있는 수이므로 짝수입니다. 따라서 자리 번호가 홀수인 사람은 연준이와 어머니입니다.

답 연준, 어머니

오답 제로를 위한 **채점 기준표**

	세부 내용	점수
풀이 과정	① 홀수는 21, 23이라고 나타낸 경우	5
	② 짝수는 22, 24라고 나타낸 경우	5
	③ 자리 번호가 홀수인 사람은 연준이와 어머니라고 나타낸 경우	3
답	연준, 어머니라고 모두 쓴 경우	2
	총점	15

실력 다지기 ·· P. 24

❶

풀이 79보다 1 큰 수는 79 바로 뒤의 수로 80이고, 78보다 2 큰 수는 79 바로 뒤의 수인 80입니다. 81보다 1 작은 수는 바로 앞의 수인 80이고, 여든은 80이라고 씁니다. 10개씩 묶음 8개와 낱개 1개인 수는 81이므로 다른 수를 이야기 한 학생은 서희입니다.

답 서희

오답 제로를 위한 **채점 기준표**

	세부 내용	점수
풀이 과정	① 79보다 1 큰 수는 80이라고 쓴 경우(채원)	3
	② 78보다 2 큰 수는 80이라고 쓴 경우(연수)	3
	③ 81보다 1 작은 수는 80이라고 쓴 경우(도진)	3
	④ 여든을 80이라고 쓴 경우(지희)	3
	⑤ 10개씩 묶음 8개와 낱개 1개인 수를 81이라고 나타낸 경우(서희)	3
	⑥ 친구들과 다르게 말한 친구는 서희임을 쓴 경우	3
답	서희라고 쓴 경우	2
	총점	20

❷

풀이 낱개 18장은 10장씩 묶음 1개와 낱개 8개와 같으므로 혜진이가 가진 카드는 10장씩 묶음 8개와 낱개 8개로 88장입니다. 은정이가 가지고 있는 카드는 10개씩 묶음 8개와 낱개 4개이므로 84장입니다. 88>84이므로 카드를 더 많이 가지고 있는 사람은 혜진입니다.

답 혜진

	세부 내용	점수
풀이 과정	① 낱개 18장은 10장씩 묶음 1개와 낱개 8개임을 나타낸 경우	3
	② 10장씩 묶음 7개와 낱개 18장은 10장씩 묶음 8개와 낱개 8개와 같음을 나타낸 경우	4
	③ 혜진이가 가지고 있는 게임 카드를 88장이라고 쓴 경우	4
	④ 은정이가 가진 카드는 10개 8묶음 8개와 낱개 4개는 84장이라고 나타낸 경우	4
	⑤ 88>84이므로 카드를 더 많이 가진 사람이 혜진이라고 한 경우	3
답	혜진이라고 쓴 경우	2
총점		20

❸

풀이 수 카드 ④, ⑦, ⑨ 로 만들 수 있는 몇십몇은 47, 49, 74, 79, 94, 97입니다. 55는 10개씩 묶음의 수가 5개이고 이 중 10개씩 묶음의 수가 5보다 큰 수는 74, 79, 94, 97 입니다. 따라서 55보다 큰 수는 4개입니다.

답 4개

	세부 내용	점수
풀이 과정	① 수 카드 4, 7, 9로 만들 수 있는 몇십 몇은 47, 49, 74, 79, 94, 97라고 쓴 경우	7
	② 55보다 큰 수는 74, 79, 94, 97라고 나타낸 경우	7
	③ 55보다 큰 수는 4개라고 쓴 경우	4
답	4개라고 쓴 경우	2
총점		20

❹

풀이 위의 문자는 10이 5개이고 1이 5개인 수를 나타냅니다. 10개씩 묶음 5개와 낱개 5개인 수는 55입니다. 따라서 문제에 주어진 바빌로니아 수는 아라비아 수로 55를 나타냅니다.

답 55

	세부 내용	점수
풀이 과정	① 10모양이 5개라고 한 경우	6
	② 1모양이 5개라고 한 경우	6
	③ 바빌로니아 수는 55임을 쓴 경우	6
답	55라고 쓴 경우	2
총점		20

문제 산에 사는 청설모 한 마리가 겨울을 준비하기 위해 도토리와 알밤을 모았습니다. 오늘 하루 모은 도토리는 75개이고 알밤은 92개입니다. 도토리와 알밤 중 더 적게 모은 것은 무엇인지, 풀이 과정을 쓰고 답을 구하세요.

	세부 내용	점수
문제	① 도토리의 수를 75개로 나타낸 경우	7
	② 알밤의 수를 92개로 나타낸 경우	7
	③ 수가 더 적은 것을 찾는 문제를 낸 경우	6
총점		20

제시된 풀이는 모범답안이므로
채점 기준표를 참고하여 채점하세요.

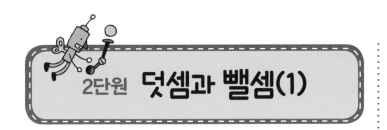

2단원 덧셈과 뺄셈(1)

 핵심유형 1

받아올림이 없는
(두 자리 수)+(한 자리 수)

STEP 1 .... P. 28

1단계 21, 6

2단계 버스

3단계 더해서

4단계 21, 6, 27

5단계 27

STEP 2 .... P. 29

1단계 42, 4

2단계 책

3단계 더해서

4단계 42, 4, 46

5단계 따라서 진영이가 가지고 있는 책은 모두 46권입니다.

STEP 3 .... P. 30

❶

풀이 더해서, 13, 6, 19

답 19명

오답 제로를 위한 **채점 기준표**

	세부 내용	점수
풀이 과정	① 태권도 시범 대회에 나간 사람 수를 남학생 수와 여학생 수를 더해야 한다고 한 경우	4
	② 태권도 시범 대회에 나간 사람 수를 13+6=19라고 계산하고 19명이라고 한 경우	4
답	19명이라고 쓴 경우	2
	총점	10

❷

풀이 어제까지 읽은 쪽수와 오늘 읽은 쪽수를 더하여 구합니다. 따라서 (효정이가 읽은 책의 쪽 수)=(어제까지 읽은 쪽수)+(오늘 읽은 쪽 수)=52+7=59(쪽)입니다.

답 59쪽

오답 제로를 위한 **채점 기준표**

	세부 내용	점수
풀이 과정	① 효정이가 읽은 책의 쪽수는 어제와 오늘 읽은 쪽수를 더해야 한다고 한 경우	4
	② 효정이가 읽은 책의 쪽수를 52+7=59라고 계산하고 59쪽이라고 한 경우	4
답	59쪽이라고 쓴 경우	2
	총점	10

 핵심유형 2

받아올림이 없는
(두 자리 수)+(두 자리 수)

STEP 1 .... P. 31

1단계 23, 35

2단계 파란, 모두

3단계 빨간, 더합니다

4단계 23, 35, 58

5단계 58

STEP 2 .... P. 32

1단계 43, 23

2단계 핫도그

3단계 더합니다

4단계 43, 23, 66

5단계 따라서 매점에 있는 샌드위치와 핫도그는 모두 66개입니다.

STEP 3 .... P. 33

❶

풀이 26, 71 / 71, 26 / 71, 26, 97

답 97

오답 제로를 위한 **채점 기준표**		
세부 내용		점수
풀이 과정	① 가장 큰 수는 71이라고 한 경우	3
	② 가장 작은 수는 26이라고 한 경우	3
	③ 두 수의 합은 71+26=97이라고 계산한 경우	3
답	97이라고 쓴 경우	1
총점		10

❷

풀이 주어진 수의 크기를 비교하면 25<45<61<74이므로 가장 큰 수는 74이고 가장 작은 수는 25입니다. 따라서 가장 큰 수와 가장 작은 수의 합은 74+25=99입니다.

답 99

오답 제로를 위한 **채점 기준표**		
세부 내용		점수
풀이 과정	① 가장 큰 수를 74라고 한 경우	4
	② 가장 작은 수를 25라고 한 경우	4
	③ 두 수의 합을 74+25=99라고 한 경우	5
답	99라고 쓴 경우	2
총점		15

핵심유형❸ 받아내림이 없는 (두 자리 수)−(한 자리 수)

STEP 1 .... P. 34

- **1단계** 27, 4
- **2단계** 색연필
- **3단계** 뺍니다
- **4단계** 27, 4, 23
- **5단계** 23

STEP 2 .... P. 35

- **1단계** 58, 6
- **2단계** 색종이
- **3단계** 뺍니다
- **4단계** 58, 6, 52
- **5단계** 따라서 사용하고 남은 색종이는 모두 52장입니다.

STEP 3 .... P. 36

❶

풀이 7, 7 / 28, 7, 21

답 21개

오답 제로를 위한 **채점 기준표**		
세부 내용		점수
풀이 과정	① 다은이의 젤리 수를 28−7로 나타낸 경우	4
	② 28−7=21이라고 계산하고 21개라고 나타낸 경우	5
답	21개라고 쓴 경우	1
총점		10

❷

풀이 전학 가기 전 소윤이네 반 학생 수에서 전학 간 학생 수를 빼서 구합니다.
따라서 (현재 소윤이네 반 학생 수)=(전학 가기 전 소윤이네 반 학생 수)−(전학 간 학생 수)=26−2=24(명)입니다.

답 24명

오답 제로를 위한 **채점 기준표**		
세부 내용		점수
풀이 과정	① 소윤이네 반 학생 수를 26−2로 나타낸 경우	6
	② 26−2=24라고 계산하고 24명이라고 쓴 경우	7
답	24명이라고 쓴 경우	2
총점		15

핵심유형❹ 받아내림이 없는 (두 자리 수)−(두 자리 수)

STEP 1 .... P. 37

- **1단계** 56, 24
- **2단계** 야구공, 축구공
- **3단계** 뺍니다
- **4단계** 56, 24, 32
- **5단계** 32

제시된 풀이는 **모범답안**이므로 채점 기준표를 참고하여 채점하세요.

1단계   87, 25

2단계   딸기

3단계   25, 뺍니다

4단계   25 / 87, 25 / 62

5단계   따라서 동생은 62개의 딸기를 땄습니다.

❶

풀이   뺍니다 / 89, 76 / 89, 76, 13

답   13개

오답 제로를 위한 **채점 기준표**

세부 내용		점수
풀이 과정	① 89-76을 나타낸 경우	4
	② 89-76=13라고 계산하고 빨간색 벽돌이 13개 더 많이 사용했음을 나타낸 경우	5
답	13개라고 쓴 경우	1
총점		10

❷

풀이   1학년 전체 학생 수에서 독창 준비를 하는 학생 수를 빼서 합창을 하는 학생 수를 구합니다. 따라서 (합창을 하는 학생 수)=(1학년 전체 학생 수)-(독창 준비를 하는 학생 수)=97-16=81(명)입니다.

답   81명

오답 제로를 위한 **채점 기준표**

세부 내용		점수
풀이 과정	① 합창을 하는 학생 수를 97-16으로 나타낸 경우	6
	② 97-16=81라고 계산하고 81명으로 나타낸 경우	7
답	81명이라고 쓴 경우	2
총점		15

❶

풀이   시현이가 맞힌 퀴즈 수에서 5를 빼서 진우가 맞힌 퀴즈 수를 구하고, 진우가 맞힌 퀴즈 수에 6을 더해 유찬이가 맞힌 퀴즈 수를 구합니다.
따라서 (진우가 맞힌 퀴즈 수)=47-5=42(개), (유찬이가 맞힌 퀴즈 수)=42+6=48(개)입니다.

답   진우: 42개, 유찬: 48개

오답 제로를 위한 **채점 기준표**

세부 내용		점수
풀이 과정	① 진우가 맞힌 퀴즈 수를 47-5=42(개)로 나타낸 경우	8
	② 유찬이가 맞힌 퀴즈 수를 42+6=48(개)으로 나타낸 경우	8
답	진우 42개, 유찬 48개라고 모두 쓴 경우	4
총점		20

❷

풀이   해정이네 반 남학생 수와 여학생 수의 합을 구하고 명지네 반 남학생 수와 여학생 수의 합을 구한 후, 두 반의 학생 수의 차를 구합니다.
(해정이네 반 학생 수)=(남학생 수)+(여학생 수)
=17+21=38(명)
(명지네 반 학생 수)=(남학생 수)+(여학생 수)
=23+16=39(명)이므로
(두 반의 전체 학생 수의 차)=(명지네 반 학생 수)-(해정이네 반 학생 수)=39-38=1(명)입니다.

답   1명

오답 제로를 위한 **채점 기준표**

세부 내용		점수
풀이 과정	① 해정이네 반 학생 수를 17+21=38(명)으로 계산한 경우	6
	② 명지네 반 학생 수를 23+16=39(명)으로 계산한 경우	6
	③ 두 반의 학생 수의 차를 39-38=1(명)으로 나타낸 경우	6
답	1명이라고 쓴 경우	2
총점		20

❸

풀이   43+24=67이고 50+23=73이므로 67보다 크고 73보다 작은 수는 68, 69, 70, 71, 72입니다. 이 중 60과 70 사이의 수는 68, 69입니다. 따라서 ♣에 알맞은 수는 68, 69입니다.

답   68, 69

	오답 제로를 위한 **채점 기준표**	
	세부 내용	점수
풀이 과정	① 43+24=67로 계산한 경우	4
	② 50+23=73로 계산한 경우	4
	③ 67보다 크고 73보다 작은 수 중 60과 70 사이의 수를 68, 69로 나타낸 경우	6
	④ ♣가 가리키는 수는 68, 69라고 정리한 경우	4
답	68, 69라고 모두 쓴 경우	2
	총점	20

❹

풀이　그린피쉬는 구피보다 2마리가 더 있었으므로 25+2 =27(마리)가 있고, 블러드핀은 구피보다 3마리 더 적게 있었으므로 25-3=22(마리)가 있었습니다. 따라서 그린 피쉬와 블러드핀은 모두 27+22=49(마리)가 있었습니다.

답　49마리

	오답 제로를 위한 **채점 기준표**	
	세부 내용	점수
풀이 과정	① 그린피쉬는 25+2=27(마리)로 계산한 경우	6
	② 블러드핀은 25-3=22(마리)로 계산한 경우	6
	③ 그린피쉬와 블러드핀은 모두 27+22=49(마리)로 계산한 경우	6
답	49마리라고 쓴 경우	2
	총점	20

P. 42

문제　버스에 35명이 타고 있었는데 정류장에서 12명이 내렸습니다. 버스 안에 남아 있는 사람은 몇 명인지 풀이 과정을 쓰고 답을 구하세요.

	오답 제로를 위한 **채점 기준표**	
	세부 내용	점수
문제	① 숫자 35, 12가 사람 수에 알맞게 표현된 경우	8
	② '버스, 정류장'이라는 낱말을 나타낸 경우	8
	③ 빼는 문제를 만든 경우	9
	총점	25

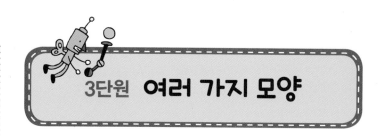

3단원　여러 가지 모양

핵심유형 1　여러 가지 모양 알아보기

STEP 1 P. 44

1단계　ⓒ, ⓜ

2단계　같은, 기호

3단계　선, 4

4단계　2, 5, 4, 3

5단계　ⓒ

STEP 2 P. 45

1단계　ⓐ, ⓒ, ⓜ

2단계　기호

3단계　둥근, 없는

4단계　4, 3, 없습니다 / ●, ▲, ■, ●

5단계　따라서 연주가 말하는 모양은 ●모양이고, 그림에서 같은 모양은 ⓡ과 ⓜ입니다.

STEP 3 P. 46

❶

풀이　5, 4, 4 / 5

답　5개

제시된 풀이는 모범답안이므로 채점 기준표를 참고하여 채점하세요.

	세부 내용	점수
풀이 과정	① ■모양은 5개임을 나타낸 경우	2
	② ▲모양은 4개임을 나타낸 경우	2
	③ ●모양은 4개임을 나타낸 경우	2
	④ 가장 많은 모양은 ■모양임을 나타낸 경우	1
	⑤ 가장 많은 모양은 5개라고 쓴 경우	2
답	5개라고 쓴 경우	1
	총점	10

오답 제로를 위한 **채점 기준표**

❷

풀이 모양의 수를 세어 보면 ■모양은 4개, ▲모양은 3개,
●모양은 5개입니다. 따라서 가장 많은 모양은 ●모양으
로 5개입니다.

답 5개

오답 제로를 위한 **채점 기준표**

	세부 내용	점수
풀이 과정	① ■모양은 4개임을 나타낸 경우	3
	② ▲모양은 3개임을 나타낸 경우	3
	③ ●모양은 5개임을 나타낸 경우	3
	④ 가장 많은 모양은 ●모양임을 나타낸 경우	2
	⑤ 가장 많은 모양의 개수는 5개임을 나타낸 경우	2
답	5개라고 쓴 경우	2
	총점	15

 **핵심유형2** **여러 가지 모양으로 꾸미기**

STEP 1

.... P. 47

[1단계] ■, ▲, ●

[2단계] ■, ▲, ●

[3단계] 같은

[4단계] 6, 2, 9

[5단계] 6, 2, 9

STEP 2

.... P. 48

[1단계] ■, ▲, ●

[2단계] ■, ▲, ●

[3단계] 같은

[4단계] 3, 3, 4

[5단계] 따라서 이용한 모양은 ■모양은 3개, ▲모양은 3개,
●모양은 4개를 이용했습니다.

STEP 3

.... P. 49

❶

풀이 3, 4, 6 / ●, 6, ■, 3 / ●, ■, 6, 3, 3

답 3개

오답 제로를 위한 **채점 기준표**

	세부 내용	점수
풀이 과정	① ■모양은 3개라고 쓴 경우	1
	② ▲모양은 4개라고 쓴 경우	1
	③ ●모양은 6개라고 쓴 경우	1
	④ 가장 많이 사용한 모양은 ●모양이라고 나타낸 경우	1
	⑤ 가장 많은 모양의 개수는 6개임을 나타낸 경우	1
	⑥ 가장 적게 사용한 모양은 ■모양이라고 나타낸 경우	1
	⑦ 가장 적은 모양의 개수는 3개임을 나타낸 경우	1
	⑧ ●모양과 ■모양의 차는 6-3=3이라고 쓴 경우	2
답	3개라고 쓴 경우	1
	총점	10

❷

풀이 ■모양 3개, ▲모양 5개, ●모양 1개를 이용했습니다. 가
장 많이 이용한 모양은 ▲모양으로 5개이고, 가장 적게
이용한 모양은 ●모양으로 1개입니다. 따라서 ▲모양과
●모양의 개수의 합은 5+1=6(개)입니다.

답 6개

오답 제로를 위한 **채점 기준표**

	세부 내용	점수
풀이 과정	① ■모양 3개로 나타낸 경우	2
	② ▲모양 5개로 나타낸 경우	2
	③ ●모양 1개로 나타낸 경우	2
	④ ▲모양을 가장 많이 사용하였다고 한 경우	2
	⑤ ●모양을 가장 적게 사용하였다고 한 경우	2
	⑥ ▲모양과 ●모양의 개수의 합을 6개로 나타낸 경우	3
답	6개라고 쓴 경우	2
	총점	15

.... P. 50

①

풀이 반듯한 선이 0개인 모양은 ●모양, 반듯한 선이 3개인
모양은 ▲모양, 반듯한 선이 4개인 모양은 ■모양입니
다. 그림에서 이용된 모양의 수는 ●모양은 4개, ▲모양
은 9개, ■모양은 3개를 사용하였습니다. 따라서 ㉠은 4,
㉡은 9, ㉢은 3입니다.

답 ㉠: 4, ㉡: 9, ㉢: 3

	세부 내용	점수
풀이 과정	① 반듯한 선이 0개이면 ●모양, 반듯한 선이 3개이면 ▲모양, 반듯한 선이 4개이면 ■모양이라고 한 경우	6
	② ●모양 4개, ▲모양 9개, ■모양 3개라고 나타낸 경우	6
	③ ㉠ 4, ㉡ 9, ㉢ 3이라고 쓴 경우	6
답	㉠: 4, ㉡: 9, ㉢: 3이라고 모두 쓴 경우	2
총점		20

오답 제로를 위한 **채점 기준표**

②

풀이 뾰족한 곳이 3개인 모양은 ▲모양이고 뾰족한 모양이
없는 모양은 ●모양입니다. 그림에서 ▲모양은 6개, ●
모양은 2개입니다. 따라서 뾰족한 곳이 3개인 모양은 뾰
족한 곳이 없는 모양보다 6-2=4(개) 더 많습니다.

답 4개

	세부 내용	점수
풀이 과정	① 뾰족한 곳이 3개인 모양은 ▲모양임을 나타낸 경우	4
	② 뾰족한 모양이 없는 모양은 ●모양임을 나타낸 경우	4
	③ 그림에서 ▲모양은 6개, ●모양은 2개 사용되었음을 나타낸 경우	5
	④ 뾰족한 곳이 3개인 모양은 뾰족한 곳이 없는 모양보다 6-2=4(개) 많음을 나타낸 경우	5
답	4개라고 쓴 경우	2
총점		20

오답 제로를 위한 **채점 기준표**

③

풀이 문제에서 주어진 표지판은 ■모양입니다. 주어진 표지판
중 ■모양의 표지판은 ②, ③, ⑤, ⑨, ⑪, ⑭, ⑯으로 모두
7개입니다. 이 중 ⑤는 포함하지 않으므로 문제에서 주어
진 표지판과 같은 모양의 표지판은 모두 6개입니다.

답 6개

	세부 내용	점수
풀이 과정	① 주차 구역 표지판은 ■모양임을 쓴 경우	5
	② ■모양의 표지판을 모두 찾은 경우	8
	③ 주차 구역 표지판과 같은 모양의 표지판은 모두 6개임을 나타낸 경우	5
답	6개라고 쓴 경우	2
총점		20

오답 제로를 위한 **채점 기준표**

④

풀이 선을 따라 모두 자르면 ■모양은 3개, ▲모양은 9개입
니다. 따라서 ▲모양이 ■모양보다 9-3=6(개) 더 많습
니다.

답 ▲모양, 6개

	세부 내용	점수
풀이 과정	① 자른 모양 중 ■모양은 3개임을 쓴 경우	6
	② 자른 모양 중 ▲모양은 9개임을 쓴 경우	6
	③ ▲모양이 ■모양보다 9-3=6(개) 더 많음을 쓴 경우	6
답	▲모양, 6개라고 모두 쓴 경우	2
총점		20

오답 제로를 위한 **채점 기준표**

.... P. 52

문제 ㉠과 ㉡ 중에서 ■, ▲, ●모양을 모두 이용하지 않은 것
을 찾으려고 합니다. 풀이 과정을 쓰고 답을 구하세요.

	세부 내용	점수
문제	① ■, ▲, ●모양이 들어간 경우	10
	② ㉠과 ㉡ 중 ■, ▲, ●모양을 모두 이용하여 꾸민 모양이 아닌 것을 찾는 문제를 만든 경우	10
총점		20

오답 제로를 위한 **채점 기준표**

제시된 풀이는 **모범답안**이므로
채점 기준표를 참고하여 채점하세요.

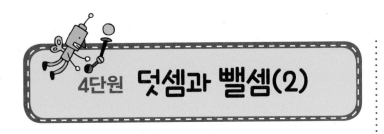

4단원 덧셈과 뺄셈(2)

 핵심유형 1 **한 자리 수인 세 수의 덧셈**

STEP 1 .... P. 54

1단계 6, 1, 2

2단계 사탕

3단계 더합니다

4단계 6, 1, 2 / 7 / 9

5단계 9

STEP 2 .... P. 55

1단계 3, 2, 4

2단계 책

3단계 더합니다

4단계 3, 2, 4 / 5 / 9

5단계 따라서 태호가 3일 동안 읽은 책은 모두 9권입니다.

STEP 3 .... P. 56

❶

풀이 3, 2, 2 / 3, 2, 2 / 5, 7 / 7

답 7칸

오답 제로를 위한 **채점 기준표**

	세부 내용	점수
풀이 과정	① 첫 번째 걸음에 3칸을 올랐음을 나타낸 경우	1
	② 두 번째 걸음에 2칸을 올랐음을 나타낸 경우	1
	③ 세 번째 걸음에 2칸을 올랐음을 나타낸 경우	1
	④ 3+2+2=7이라고 계산한 경우	4
	⑤ 준오가 오른 계단이 7칸임을 표현한 경우	2
답	7칸이라고 쓴 경우	1
	총점	10

❷

풀이 (영어 학원의 층수)=(태권도 학원의 층수)+3=2+3=5(층),
(피아노 학원의 층수)=(영어 학원의 층수)+3=5+3=8(층)입
니다. 따라서 피아노 학원은 8층에 있습니다.

답 8층

오답 제로를 위한 **채점 기준표**

	세부 내용	점수
풀이 과정	① 영어 학원의 층수를 2+3으로 구한 경우	4
	② 피아노 학원의 층수를 5+3으로 구한 경우	5
	③ 피아노 학원은 8층에 있다고 한 경우	3
답	8층이라고 쓴 경우	3
	총점	15

 핵심유형 2 **한 자리 수인 세 수의 뺄셈**

STEP 1 .... P. 57

1단계 8, 3, 2

2단계 키위

3단계 빼고, 뺍니다

4단계 8, 3, 2 / 5 / 3

5단계 3

STEP 2 .... P. 58

1단계 9, 3, 4

2단계 문제

3단계 빼고, 뺍니다

4단계 9, 3, 4 / 6 / 2

5단계 따라서 태현이가 더 풀어야 하는 수학 문제는 2문제입니다.

❶

풀이   8, 3 / 5, 3 / 2, 2

답   2개

오답 제로를 위한 **채점 기준표**		
세부 내용		**점수**
풀이 과정	① 남은 풍선의 수를 구하는 식을 8−3−3으로 나타낸 경우	5
	② 8−3−3=5−3=2라고 계산한 경우	2
	③ 남은 풍선의 수는 2개라고 나타낸 경우	2
답	2개라고 쓴 경우	1
총점		10

❷

풀이   주원이가 원래 가지고 있는 주사위의 수에서 빌려간 수를 뺍니다. (주원이가 가지고 있었던 주사위의 수)−(진수가 빌려간 주사위의 수)−(서은이가 빌려간 주사위의 수)=9−2−4=7−4=3이므로 남은 주사위의 수는 3개입니다.

답   3개

오답 제로를 위한 **채점 기준표**		
세부 내용		**점수**
풀이 과정	① 남은 주사위의 수를 구하는 식을 9−2−4로 나타낸 경우	5
	② 9−2−4=7−4=3임을 계산한 경우	4
	③ 남은 주사위가 3개라고 쓴 경우	3
답	3개라고 쓴 경우	3
총점		15

 핵심유형❸   **10이 되는 더하기**

1단계   4, 6

2단계   감자

3단계   감자, 더합니다

4단계   4, 6, 10

5단계   10

1단계   7, 3

2단계   승우

3단계   승우, 더합니다

4단계   7, 3, 10

5단계   따라서 영준이와 승우가 딴 딱지는 모두 10장입니다.

❶

풀이   4, 6, 10 / 10

답   10개

오답 제로를 위한 **채점 기준표**		
세부 내용		**점수**
풀이 과정	① 마트에서 산 아이스크림과 초코 우유의 수를 4+6으로 나타낸 경우	3
	② 4+6=10으로 나타낸 경우	3
	③ 마트에서 산 것은 모두 10개라고 쓴 경우	3
답	10개라고 쓴 경우	1
총점		10

❷

풀이   도훈이와 동생이 먹은 쿠키의 수를 더하면 처음 접시에 있던 쿠키의 수가 됩니다. 따라서 (접시에 있던 쿠키의 수)=(도훈이가 먹은 쿠키의 수)+(동생이 먹은 쿠키의 수)=7+3=10(개)이므로 접시에 있던 쿠키의 수는 10개입니다.

답   10개

오답 제로를 위한 **채점 기준표**		
세부 내용		**점수**
풀이 과정	① 처음 쿠키의 수를 7+3으로 나타낸 경우	5
	② 7+3=10라고 계산한 경우	5
	③ 접시에 있던 쿠키 수를 10개라고 답한 경우	3
답	10개라고 쓴 경우	2
총점		15

 제시된 풀이는 **모범답안**이므로 **채점 기준표**를 참고하여 채점하세요.

 **핵심유형4** **10에서 빼기**

STEP 1 ·· P. 63

1단계 10, 3

2단계 오른손, 사탕

3단계 뺍니다

4단계 3, 7

5단계 7

STEP 2 ·· P. 64

1단계 10, 6

2단계 초콜릿

3단계 뺍니다

4단계 6, 4

5단계 따라서 지후에게 남은 초콜릿 수는 4개입니다.

STEP 3 ·· P. 65

❶

풀이 10, 3, 7 / 7

답 7개

	세부 내용	점수
풀이 과정	① 남아 있는 테니스공의 수를 10-3으로 나타낸 경우	3
	② 10-3=7임을 계산한 경우	3
	③ 남아 있는 테니스공을 7개라고 한 경우	3
답	7개라고 쓴 경우	1
총점		10

❷

풀이 남아 있는 연필은 민수가 가지고 있었던 연필의 수에서 동생이 빌려간 연필의 수를 뺍니다. 따라서 (민수가 가지고 있었던 연필의 수)=(빨간색 연필의 수)+(파란색 연필의 수)=3+7=10(자루)입니다. 이 중 동생에게 4자루를 빌려주었으므로 남아 있는 연필의 수는 10-4=6(자루)입니다.

답 6자루

	세부 내용	점수
풀이 과정	① 민수가 가지고 있었던 연필의 수를 3+7이라고 하고, 3+7=10이라고 계산한 경우	7
	② 남아 있는 연필의 수를 10-4라 하고 10-4=6이라고 계산한 경우	6
답	6자루라고 쓴 경우	2
총점		15

 **실력다지기** ·· P. 66

❶

풀이 7과 더해서 10이 되는 수는 3이므로 ㉠=3, 8과 더해서 10이 되는 수는 2이므로 ㉡=2이고, 6과 더해서 10이 되는 수는 4이므로 ㉢=4입니다. 따라서 ㉠+㉡+㉢=3+2+4=9입니다.

답 9

	세부 내용	점수
풀이 과정	① ㉠=3이라고 쓴 경우	4
	② ㉡=2라고 쓴 경우	4
	③ ㉢=4라고 쓴 경우	4
	④ ㉠+㉡+㉢=3+2+4=5+4=9임을 나타낸 경우	6
답	9라고 쓴 경우	2
총점		20

❷

풀이 형은 동영이보다 2살 많으므로 (형의 나이)=(동영이의 나이)+2=8+2=10(살)이므로 형의 나이는 10살입니다. 동생은 형보다 5살이 더 어리므로 (동생의 나이)=(형의 나이)-5=10-5=5(살)이므로 동생의 나이는 5살입니다.

답 5살

	세부 내용	점수
풀이 과정	① 형의 나이를 10살로 구한 경우	9
	② 동생의 나이를 5살로 구한 경우	9
답	5살이라고 쓴 경우	2
총점		20

❸

풀이 10이 되는 더하기는 1+9, 2+8, 3+7, 4+6, 5+5, 6+4, 7+3, 8+2, 9+1입니다. 10이 되는 더하기에 모두 칠하면 다음과 같습니다.

1+9	5+4	3+4	4+6	2+7
2+8	2+5	9+0	3+7	3+3
6+4	7+2	6+3	5+5	1+8
7+3	5+5	8+2	9+1	6+4
3+6	8+1	2+7	7+3	6+3

따라서 10이 되는 칸을 모두 칠하면 숫자 4가 보입니다.

답 4

❹

풀이 더해서 10이 되는 두 수는 1과 9, 2와 8, 3과 7, 4와 6, 5와 5, 6과 4, 7과 3, 8과 2, 9와 1입니다. 더해서 10이 되는 두 수를 서로 다른 색으로 칠하면 다음과 같습니다.

6	2	5	8	9
4	7	3	4	1
9	5	3	5	6
2	8	4	5	2

따라서 필요한 색은 모두 5가지입니다.

답 5가지

P. 68

문제 장미 2송이, 백합 3송이, 카네이션 4송이가 있습니다. 꽃은 모두 몇 송이가 있는지 풀이 과정을 쓰고 답을 구하세요.

제시된 풀이는 모범답안이므로
채점 기준표를 참고하여 채점하세요.

5단원 시계 보기와 규칙 찾기

핵심유형 1 · 시계 보기 : 몇 시

STEP 1 ···· P. 70

1단계 7, 8, 9

2단계 8

3단계 12, 짧은

4단계 7, 8, 9

5단계 누나

STEP 2 ···· P. 71

1단계 5

2단계 5, 짧은

3단계 5

4단계 5, 5, 12

5단계 따라서 은주가 친구를 만나는 시각에 시계의 짧은바늘은 5를 가리킵니다.

STEP 3 ···· P. 72

❶

풀이 7, 12, 7 / 6, 12, 6 / 1, 빠른, 청소

답 청소

	세부 내용	점수
풀이 과정	① 저녁식사 시각은 짧은바늘이 7이고 긴바늘이 12를 가리키므로 7시로 쓴 경우	2
	② 청소 시각은 짧은바늘이 6, 긴바늘이 12를 가리키므로 6시로 쓴 경우	2
	③ 6시에서 짧은바늘이 숫자 큰 눈금 1칸을 더 가야 7시가 되므로 7시보다 6시가 더 빠른 시각임을 표현한 경우	4
	④ 먼저 해야 할 일은 청소라고 쓴 경우	1
답	청소라고 쓴 경우	1
	총점	10

오답 제로를 위한 **채점 기준표**

❷

풀이 서진이가 아침을 먹은 시각은 짧은바늘이 8, 긴바늘이 12를 가리키므로 8시입니다. 연호가 아침을 먹은 시각은 짧은바늘이 9, 긴바늘이 12를 가리키므로 9시입니다. 8시에서 짧은바늘이 숫자 큰 눈금 1칸을 가야 9시가 되므로 9시가 더 늦은 시각입니다. 따라서 아침을 늦게 먹은 사람은 연호입니다.

답 연호

오답 제로를 위한 **채점 기준표**

	세부 내용	점수
풀이 과정	① 서진이가 아침을 먹은 시각은 짧은바늘이 8, 긴바늘이 12를 가리키므로 8시로 쓴 경우	3
	② 연호가 아침을 먹은 시각은 짧은바늘이 9, 긴바늘이 12를 가리키므로 9시로 쓴 경우	3
	③ 8시에서 짧은바늘이 숫자 큰 눈금 1칸을 가야 9시이므로 8시보다 9시가 더 늦은 시각임을 표현한 경우	5
	④ 아침을 늦게 먹은 사람은 연호라고 쓴 경우	2
답	연호라고 쓴 경우	2
	총점	15

핵심유형 2 · 시계 보기 : 몇 시 30분

STEP 1 ···· P. 73

1단계 3, 30 / 4, 30 / 5, 30

2단계 긴

3단계 짧은, 긴

4단계 3, 4 / 4, 5 / 5, 6, 6

5단계 6

STEP 2 ···· P. 74

1단계 9, 6

2단계 이유

3단계 짧은, 긴

4단계 9, 6 / 9, 30

5단계 따라서 잘못 읽은 시각을 바르게 읽으면 9시 30분입니다.

❶

풀이 6, 30 / 6, 30

답 6시 30분

오답 제로를 위한 **채점 기준표**

	세부 내용	점수
풀이 과정	① 짧은바늘이 6과 7사이를 가리키고 긴 바늘이 6을 가리키므로 6시 30분이라고 한 경우	5
	② 다민이가 숙제를 시작한 시각은 6시 30이라고 쓴 경우	2
답	6시 30분이라고 쓴 경우	1
	총점	8

❷

풀이 9시 30분은 짧은바늘이 9와 10 사이에 있고 긴바늘이 6을 가리킬 때의 시각입니다. 저녁 식사와 공부하기, 일기쓰기 중 짧은바늘이 9와 10 사이에 있고 긴바늘이 6을 가리키는 것은 일기쓰기입니다. 따라서 9시 30분에 할 일은 일기쓰기입니다.

답 일기쓰기

오답 제로를 위한 **채점 기준표**

	세부 내용	점수
풀이 과정	① 9시 30분은 짧은바늘이 9와 10사이에 있고 긴바늘이 6을 가리키는 시각이라고 표현한 경우	4
	② 일기쓰기의 시각이 짧은바늘이 9와 10사이에 있고 긴바늘이 6을 가리킨다고 한 경우	2
	③ 9시 30분에 할 일을 일기쓰기라고 정리한 경우	2
답	일기쓰기라고 쓴 경우	2
	총점	10

 **핵심유형❸** 규칙 찾기 : 여러 가지 방법으로 나타내기

1단계 규칙

2단계 모양

3단계 모양

4단계 ○, □ / ○, □, ○

5단계 ○, □, ○ / ○, □, ○ / ○, □, ○

1단계 7, 4

2단계 시곗

3단계 시곗, 수

4단계 7 / 4, 30 / 7 / 7 / 4, 30

5단계 7, 4, 7, 4, 7,

❶

풀이 ♥, ◆ / 축구공, 농구공, 농구공, 축구공 / ♥, ◆, ◆, ♥ / ㉡, ㉢

답 ㉡, ㉢

오답 제로를 위한 **채점 기준표**

	세부 내용	점수
풀이 과정	① 축구공은 ♥모양, 농구공은 ◆모양임을 나타낸 경우	1
	② 축구공-농구공-농구공-축구공이 반복되는 규칙임을 찾아낸 경우	3
	③ ♥◆◆♥모양이 반복됨을 나타낸 경우	3
	④ ♥모양이 들어간 곳은 ㉡, ㉢이라고 쓴 경우	2
답	㉡, ㉢이라고 모두 쓴 경우	1
	총점	10

❷

풀이 위에서부터 왼쪽에서 오른쪽으로 파란색-노란색-초록색-노란색이 반복되는 규칙입니다. 따라서 ㉠에는 파란색, ㉡에는 노란색으로 색칠해야 합니다. 파란색은 ○, 노란색은 ◇이므로 ㉠과 ㉡에 알맞은 모양은 각각 ○와 ◇입니다.

답 ㉠: ○, ㉡: ◇

오답 제로를 위한 **채점 기준표**

	세부 내용	점수
풀이 과정	① 파란색-노란색-초록색-노란색이 반복되는 규칙이라고 한 경우	5
	② ㉠은 파란색, ㉡은 노란색이라고 쓴 경우	3
	③ 파란색은 ○, 노란색은 ◇이므로 ㉠은 ○, ㉡은 ◇라고 한 경우	5
답	㉠: ○, ㉡: ◇라고 쓴 경우	2
	총점	15

제시된 풀이는 **모범답안**이므로 **채점 기준표**를 참고하여 채점하세요.

핵심유형 4 수 배열에서 규칙 찾기

P. 79

STEP 1

1단계 28, 24, 16

2단계 규칙

3단계 작아지는지

4단계 4, 작아지고 / 4, 8

5단계 8

P. 80

STEP 2

1단계 51, 63, 75

2단계 규칙

3단계 51, 커지는지

4단계 51, 6, 커지는 / 6, 81, 87

5단계 따라서 더 색칠해야 하는 수는 81, 87입니다.

P. 81

STEP 3

1

풀이 1, 10 / 2, 45 / 45

답 45

	세부 내용	점수
풀이 과정	① 수 배열표에서 오른쪽으로 1씩 커짐을 표현한 경우	2
	② 수 배열표에서 아래쪽으로 10씩 커짐을 표현한 경우	2
	③ ▲를 25라고 한 경우	2
	④ ⊙를 45라고 한 경우	3
답	45라고 쓴 경우	1
	총점	10

2

풀이 색칠한 수는 62-69-76-83-90이므로 62부터 7씩 커지는 규칙입니다. 따라서 40부터 7씩 커지는 규칙으로 수를 차례대로 쓰면 40-47-54-61-68-75이므로 빈칸에 들어갈 수는 47, 54, 61, 68, 75입니다. 따라서 ㉠에 알맞은 수는 68입니다.

답 68

오답 체로를 위한 **채점 기준표**

	세부 내용	점수
풀이 과정	① 62-69-76-83-90이므로 7씩 커지는 규칙임을 나타낸 경우	4
	② 40부터 7씩 커지는 규칙으로 수를 차례대로 쓰면 40-47-54-61-68-75라고 쓴 경우	5
	③ ㉠에 알맞은 수는 68이라고 쓴 경우	4
답	68이라고 쓴 경우	2
	총점	15

실력 다지기

P. 82

1

풀이 영화가 시작한 시각은 짧은바늘이 5, 긴바늘이 12를 가리키므로 5시이고, 영화가 끝난 시각은 짧은바늘이 8과 9사이에 있고 긴바늘이 6을 가리키므로 8시 30분입니다. 따라서 영화가 시작한 시각은 5시, 끝난 시각은 8시 30분입니다.

답 시작한 시각 : 5시 / 끝난 시각 : 8시 30분

오답 체로를 위한 **채점 기준표**

	세부 내용	점수
풀이 과정	① 시작하는 시각은 짧은바늘이 5, 긴바늘이 12를 가리키므로 5시라고 쓴 경우	8
	② 끝나는 시각은 짧은바늘이 8과 9사이에 있고 긴바늘이 6을 가리키므로 8시 30분이라고 쓴 경우	8
답	시작한 시각: 5시, 끝난 시각: 8시 30분이라고 쓴 경우	4
	총점	20

2

풀이 긴바늘은 모두 12를 가리키므로 짧은바늘이 가리키는 숫자들의 규칙을 찾습니다. 짧은바늘이 가리키는 숫자는 1, 3, 5, 7로 2씩 커지는 규칙이므로, 다섯 번째 시계는 짧

은바늘이 9를 가리켜야 합니다. 따라서 다섯 번째 시계의 시각은 짧은바늘이 9를 가리키고 긴바늘이 12를 가리키므로 9시입니다.

답   9시

	세부 내용	점수
풀이 과정	① 긴바늘이 가리키는 수는 모두 12라고 표현한 경우	3
	② 짧은바늘이 가리키는 수는 1, 3, 5, 7이라고 표현한 경우	5
	③ 2씩 커지는 규칙임을 나타낸 경우	5
	④ 다섯 번째 시계는 짧은바늘이 9라고 쓴 경우	3
	⑤ 다섯 번째 시계의 시각은 9시라고 쓴 경우	2
답	9시라고 쓴 경우	2
	총점	20

오답 제로를 위한 **채점 기준표**

❸

풀이   수인이의 아버지가 만든 무늬는 노란색, 흰색, 흰색, 빨간색이 되풀이되는 규칙입니다. 따라서 ㉠에는 흰색, ㉡에는 빨간색을 칠해야 합니다.

답   ㉠: 흰색 / ㉡: 빨간색

	세부 내용	점수
풀이 과정	① 노란색, 흰색, 흰색, 빨간색이 되풀이되는 규칙 나타낸 경우	6
	② ㉠에는 흰색을 칠해야 함을 나타낸 경우	6
	③ ㉡에는 빨간색을 칠해야 함을 나타낸 경우	6
답	㉠: 흰색, ㉡: 빨간색이라고 쓴 경우	2
	총점	20

오답 제로를 위한 **채점 기준표**

❹

풀이   ♪♩이 반복되는 규칙이므로 ♪은 '쿵'이고 ♩은 '짝'입니다. ♪은 장구의 넓은 부분을 치고 ♩은 장구의 가장자리를 칩니다. 따라서 ♪가 5개이므로 장구의 넓은 부분을 치는 것은 5번입니다.

답   5번

	세부 내용	점수
풀이 과정	① ♪♩이 반복되는 규칙 나타내기	5
	② ♪은 장구의 넓은 부분을 치며 '쿵'소리를 낸다고 표현한 경우	4
	③ ♩는 장구의 가장자리를 치고 '짝'소리를 낸다고 표현한 경우	4
	④ ♪가 있는 것을 5개라고 찾은 경우	5
답	5번이라고 쓴 경우	2
	총점	20

오답 제로를 위한 **채점 기준표**

나만의 문제 만들기 ·········· P. 84

문제   수 배열표에서 33부터 시작하여 5씩 커지는 수들을 찾아 색칠했을 때, 색칠한 수들은 모두 몇 개인지 풀이 과정을 쓰고 답을 구하세요. (단, 33을 빼고 답을 씁니다.)

	세부 내용	점수
문제	① 수 배열표를 문제에 적용한 경우	5
	② 33부터 5씩 커지는 수의 규칙으로 문제를 만든 경우	5
	③ 개수를 찾는 문제를 낸 경우	5
	총점	15

오답 제로를 위한 **채점 기준표**

제시된 풀이는 모범답안이므로
채점 기준표를 참고하여 채점하세요.

6단원 덧셈과 뺄셈(3)

 10을 이용하여
모으기와 가르기

STEP 1 .... P. 86

1단계	18, 10
2단계	남은
3단계	10
4단계	8, 10, 8
5단계	8

STEP 2 .... P. 87

1단계	8, 모으기
2단계	모으기, 잘못
3단계	10
4단계	8, 3, 10 / 2, 5, 15
5단계	따라서 잘못 이야기한 사람은 승헌입니다.

STEP 3 .... P. 88

❶

풀이 6, 9 / 7 / 1, 6 / 10, 6 / 16

답 16명

	세부 내용	점수
풀이 과정	① 떡볶이와 피자를 먹고 싶어 하는 학생 수를 9+7로 나타낸 경우	3
	② 9+7=9+1+6=10+6=16으로 표현한 경우	4
	③ 모두 16명이라고 표현한 경우	2
답	16명이라고 쓴 경우	1
	총점	10

❷

풀이 장미나무의 수와 앵두나무의 수를 8+9로 더합니다. 이때 큰 수가 10이 되게 하려면 8을 7과 1로 가르기 하여 9와 더합니다. 따라서 (마당에 심을 나무의 수)=(장미나무의 수)+(앵두나무의 수)=8+9=7+1+9=7+10=17(그루)입니다.

답 17그루

	세부 내용	점수
풀이 과정	① 마당에 심을 나무의 수를 8+9로 나타낸 경우	5
	② 8+9=7+1+9=7+10=17로 나타낸 경우	6
	③ 마당에 심을 나무의 수를 17그루로 나타낸 경우	2
답	17그루라고 쓴 경우	2
	총점	15

핵심유형2 (몇)+(몇)=(십몇)

STEP 1 .... P. 89

1단계	9, 6
2단계	오리
3단계	더합니다
4단계	5 / 1, 5 / 10, 5 / 15
5단계	15

STEP 2 .... P. 90

1단계	8, 5
2단계	빨간
3단계	더합니다
4단계	3 / 2, 3 / 10, 3 / 13
5단계	따라서 나무막대는 모두 13개입니다.

STEP 3 .... P. 91

❶

풀이 큰, 9, 9 / 1, 8, 18 / 18

답 18

오답 제로를 위한 **채점 기준표**		
세부 내용		**점수**
풀이 과정	① 두 사람이 가진 카드 중 가장 큰 수 9를 각각 뽑은 경우	3
	② 9+9=18로 나타낸 경우	3
	③ 합이 가장 클 때의 합이 18이라고 쓴 경우	3
답	18이라고 쓴 경우	1
총점		10

❷

풀이 모둠원의 수를 구하려면 맞힌 사람과 틀린 사람의 수를 더합니다. (지연이네 모둠의 사람 수)=(맞힌 사람의 수)+(틀린 사람의 수)=5+7=5+5+2=12(명)입니다. 따라서 지연이네 모둠은 모두 12명입니다.

답 12명

오답 제로를 위한 **채점 기준표**		
세부 내용		**점수**
풀이 과정	① 지연이네 모둠의 사람 수를 5+7로 나타낸 경우	6
	② 5+7=12로 계산한 경우	4
	③ 모두 12명으로 나타낸 경우	3
답	12명이라고 쓴 경우	2
총점		15

 **핵심유형 ❸** (십몇)−(몇)=(몇)

STEP ❶ .... P. 92

1단계 13, 7

2단계 아몬드

3단계 뺍니다

4단계 7 / 3, 4 / 10, 4 / 6

5단계 6

STEP ❷ .... P. 93

1단계 16, 9

2단계 케이크

3단계 뺍니다

4단계 16 / 10, 6 / 10, 6 / 1, 6 / 7

5단계 따라서 접시는 7개 더 필요합니다.

STEP ❸ .... P. 94

❶

풀이 6, 16 / 7, 6, 1 / 10, 1, 9

답 9개

오답 제로를 위한 **채점 기준표**		
세부 내용		**점수**
풀이 과정	① 바구니에 남아 있는 테니스공의 수를 16−7로 나타낸 경우	4
	② 16−7=16−6−1=10−1=9로 나타낸 경우	3
	③ 바구니에 남아 있는 테니스공이 9개임을 나타낸 경우	2
답	9개라고 쓴 경우	1
총점		10

❷

풀이 자동차의 수에서 오토바이의 수를 뺍니다. 이때 15를 10과 5로 가르기 하여 10에서 6을 빼고 5를 더합니다. (자동차의 수)−(오토바이의 수)=15−6=10+5−6=10−6+5=4+5=9(대)입니다. 따라서 자동차는 오토바이보다 9대 더 많습니다.

답 9대

오답 제로를 위한 **채점 기준표**		
세부 내용		**점수**
풀이 과정	① 자동차에서 오토바이의 수를 빼는 식을 15−6으로 나타낸 경우	5
	② 15−6=10−6+5=4+5=9라고 나타낸 경우	6
	③ 자동차는 오토바이보다 9대 많다고 나타낸 경우	2
답	9대라고 쓴 경우	2
총점		15

 제시된 풀이는 **모범답안**이므로 **채점 기준표**를 참고하여 채점하세요.

①

풀이 종현이의 주사위 눈의 합은 6+4=10이고 수지의 주사위 눈의 합은 6+6=12입니다. 10＜12이므로 나온 눈의 수의 합이 더 큰 사람은 수지입니다.

답 수지

오답 제로를 위한 **채점 기준표**

	세부 내용	점수
풀이 과정	① 종현이의 주사위 눈의 합은 6+4=10라고 나타낸 경우	6
	② 수지의 주사위 눈의 합은 6+6=12이라고 나타낸 경우	6
	③ 10＜12라고 표현한 경우	2
	④ 눈의 수의 합이 더 큰 사람은 수지라고 나타낸 경우	4
답	수지라고 쓴 경우	2
	총점	20

②

풀이 형의 나이는 영진이보다 6살 많으므로 (형의 나이)=(영진이의 나이)+6=8+6=14(살)이고 누나는 형보다 5살 어리므로 14-5=9(살)입니다. 따라서 누나는 9살입니다.

답 9살

오답 제로를 위한 **채점 기준표**

	세부 내용	점수
풀이 과정	① 형의 나이는 영진이보다 6살 많으므로 8+6으로 나타낸 경우	5
	② 8+6=14라고 계산한 경우	3
	③ 누나는 형보다 5살 어리므로 14-5로 나타낸 경우	5
	④ 14-5=9라고 계산한 경우	3
	⑤ 누나는 9살임을 나타낸 경우	2
답	9살이라고 쓴 경우	2
	총점	20

③

풀이 (준서에게 남은 딱지의 수)=(준서가 처음 가지고 있던 딱지의 수)-(잃은 딱지의 수)=16-9=7(장)
(은빈이에게 남은 딱지의 수)=(은빈이가 처음 가지고 있던 딱지의 수)-(잃은 딱지의 수)=14-6=8(장)
따라서 7＜8이므로 은빈이가 준서보다 8-7=1(장) 더 많이 남았습니다.

답 은빈, 1장

오답 제로를 위한 **채점 기준표**

	세부 내용	점수
풀이 과정	① 준서에게 남은 딱지 수를 16-9로 나타낸 경우	2
	② 16-9=7로 계산한 경우	3
	③ 은빈이에게 남은 딱지 수를 14-6으로 나타낸 경우	2
	④ 14-6=8로 계산한 경우	3
	⑤ 계산 결과를 7＜8로 비교한 경우	2
	⑥ 8-7=1로 계산한 경우	3
	⑦ 은빈이가 1장 더 많이 남았음을 나타낸 경우	3
답	은빈, 1장이라고 모두 쓴 경우	2
	총점	20

④

풀이 비밀번호 첫 번째 숫자는 15-7=8이고 두 번째 숫자는 13-4=9, 세 번째 숫자는 11-6=5이고 네 번째 숫자는 12-8=4입니다. 따라서 재호네 집 비밀번호를 차례로 쓰면 8954입니다.

답 8954

오답 제로를 위한 **채점 기준표**

	세부 내용	점수
풀이 과정	① 첫 번째 수는 15-7=8라고 쓴 경우	4
	② 두 번째 수는 13-4=9라고 쓴 경우	4
	③ 세 번째 수는 11-6=5라고 쓴 경우	4
	④ 네 번째 수는 12-8=4라고 쓴 경우	4
	⑤ 재호네 집 비밀번호는 8954라고 나타낸 경우	2
답	8954라고 쓴 경우	2
	총점	20

P. 97

문제 3, 4, 7, 9 중 가장 큰 수와 둘째로 큰 수의 합을 구하려고 합니다. 풀이 과정을 쓰고 답을 구하세요.

오답 제로를 위한 **채점 기준표**

	세부 내용	점수
문제	① 3, 4, 7, 9의 수가 표현된 경우	5
	② 가장 큰 수와 둘째로 큰 수의 합을 구하는 문제를 만든 경우	10
	총점	15

 제시된 풀이는 모범답안이므로 채점 기준표를 참고하여 채점하세요.

MEMO

이것이 THIS IS 시리즈다!

THIS IS GRAMMAR 시리즈

▷ 중·고등 내신에 꼭 등장하는 어법 포인트 분석 및 총정리

강남인강 강의교재

THIS IS READING 시리즈

▷ 다양한 소재의 지문으로 내신 및 수능 완벽 대비

강남인강 강의교재

THIS IS VOCABULARY 시리즈

▷ 주제별로 분류한 교육부 권장 어휘

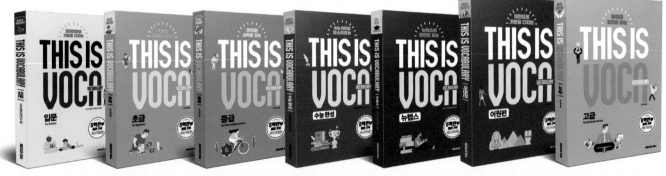

동영상 강의
무료 제공

www.nexusEDU.kr/math

넥서스에듀 홈페이지에서 제공하는 '스페셜 유형'과 '추가 문제'들로
내용을 보충하고 배운 것을 복습할 수 있습니다.

교과 연계 초등 4학년

7권	(4-1) 4학년 1학기 과정	8권	(4-2) 4학년 2학기 과정
1	큰 수	1	분수의 덧셈과 뺄셈
2	각도	2	삼각형
3	곱셈과 나눗셈	3	소수의 덧셈과 뺄셈
4	평면도형의 이동	4	사각형
5	막대그래프	5	꺾은선그래프
6	규칙 찾기	6	다각형

교과 연계 초등 5학년

9권	(5-1) 5학년 1학기 과정	10권	(5-2) 5학년 2학기 과정
1	자연수의 혼합 계산	1	수의 범위와 어림하기
2	약수와 배수	2	분수의 곱셈
3	규칙과 대응	3	합동과 대칭
4	약분과 통분	4	소수의 곱셈
5	분수의 덧셈과 뺄셈	5	직육면체
6	다각형의 둘레와 넓이	6	평균과 가능성

교과 연계 초등 6학년

11권	(6-1) 6학년 1학기 과정	12권	(6-2) 6학년 2학기 과정
1	분수의 나눗셈	1	분수의 나눗셈
2	각기둥과 각뿔	2	소수의 나눗셈
3	소수의 나눗셈	3	공간과 입체
4	비와 비율	4	비례식과 비례배분
5	여러 가지 그래프	5	원의 넓이
6	직육면체의 부피와 겉넓이	6	원기둥, 원뿔, 구

중학교 서술형을 대비하는 기적 같은 첫걸음

공부감각을 키워주는

통문장 암기 훈련 워크북 포함

영문법+쓰기 ① ②

이번 생에 영문법은 처음이라...

* 처음 영작문을 시작하는 기초 영문법+쓰기 입문서

* 두 권으로 끝내는 중등 내신 서술형 맛보기

* 간단하면서도 체계적으로 정리된 이해하기 쉬운 핵심 문법 설명

* 학교 내신 문제의 핵심을 정리한 Step-by-Step 영문법+쓰기

* 통문장 암기 훈련 워크북으로 스스로 훈련하며 영문법 완전 마스터

* 어휘 출제 마법사를 통한 어휘 리스트, 테스트 제공

 넥서스에듀가 제공하는 학습시스템

| 통문장 암기 훈련 워크북 | 어휘 리스트 & 테스트지 | 동사형 변화표 | 모바일 단어장 | VOCA TEST | 챕터별 리뷰 테스트 |

 모바일 단어장 VOCA TEST

www.nexusEDU.kr | www.nexusbook.com

공부감각을 키워주는
영문법+쓰기 ① ②
넥서스영어교육연구소 지음 | 210×275 | 176쪽 (워크북, 정답 및 해설 포함) | 각 권 12,000원

💡 생각대로 술술 풀리는
#교과연계 #창의수학 #사고력수학 #스토리텔링

한 권으로 서술형 끝

STEP 1
대표 문제
맛보기

STEP 2
따라
풀어보기

STEP 3
스스로
풀어보기

초등수학 서술형,
창의력+사고력의 시작
한 권으로 서술형 끝

STEP 4
실력 다지기

Final
Check!

STEP 5
나만의 문제
만들기

단계별
채점기준표로
서술형 끝!

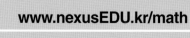

www.nexusEDU.kr/math

넥서스에듀 홈페이지에서 동영상 강의를 볼 수 있고,
추가 문제들을 다운받아 사용할 수 있습니다.

값 11,200원

9 791161 658711

64410

ISBN 979-11-6165-871-1
ISBN 979-11-6165-869-8(세트)